U0156349

编著／姚桂萍　李　蕊　杜　欣

Illustrator
平面设计案例教程

（微课版）

清华大学出版社

北京

内 容 简 介

　　本书全面细致地讲解了 Illustrator 重要的功能命令,通过"理论＋实战"的形式,对软件操作原理和使用技巧做了全方位解读。在注重工具用法的同时,更加注重与视觉传达设计专业实践的结合,真正做到完全解析、完全实战。本书在对工具的基本使用方法进行案例式生动解析的基础上,增加了综合性较强的"随堂练习",帮助读者更直观地巩固并掌握 Illustrator 的重要命令和主要应用。

　　本书由三大部分共十章组成。从基本功能介绍到使用技术入门,再到实践能力提升,是一个完整的学习闭环。前两部分全面讲述 Illustrator 的基础知识,在简单易懂的实例中穿插大量工具使用方法及基本编辑技巧。第三部分按照艺术设计类专业知识体系进行编写,通过深入细致的实例讲解与读者一起从零开始完成设计,在增强综合运用软件能力的同时帮助读者培养审美意识和基本设计能力。

　　本书适合 Illustrator 的初学者、设计专业学生以及从事设计工作的相关人员使用,同时可以作为工具书使用,也可以作为培训资料。

图书在版编目（CIP）数据

Illustrator 平面设计案例教程：微课版 / 姚桂萍,李蕊,杜欣编著 .—北京：清华大学出版社,2024.2
ISBN 978-7-302-65303-5

Ⅰ. ① I⋯　Ⅱ. ①姚⋯ ②李⋯ ③杜⋯　Ⅲ. ①平面设计－图形软件　Ⅳ. ① TP391.412

中国国家版本馆 CIP 数据核字（2024）第 012037 号

责任编辑：张龙卿
封面设计：曾雅菲　徐巧英
责任校对：袁　芳
责任印制：宋　林

出版发行：清华大学出版社
　　　　网　　　址：https://www.tup.com.cn, https://www.wqxuetang.com
　　　　地　　　址：北京清华大学学研大厦 A 座　　　　　邮　　编：100084
　　　　社 总 机：010-83470000　　　　　　　　　　　邮　　购：010-62786544
　　　　投稿与读者服务：010-62776969, c-service@tup.tsinghua.edu.cn
　　　　质量反馈：010-62772015, zhiliang@tup.tsinghua.edu.cn
　　　　课件下载：https://www.tup.com.cn, 010-83470410
印 装 者：三河市铭诚印务有限公司
经　　销：全国新华书店
开　　本：185mm×260mm　　　　印　　张：19.25　　　字　　数：429 千字
版　　次：2024 年 2 月第 1 版　　　　　　　　　　　印　　次：2024 年 2 月第 1 次印刷
定　　价：79.00 元

产品编号：092163-01

前　　言

习近平总书记在党的二十大报告中指出：教育、科技、人才是全面建设社会主义现代化国家的基础性、战略性支撑；必须坚持科技是第一生产力、人才是第一资源、创新是第一动力；深入实施科教兴国战略、人才强国战略、创新驱动发展战略，这三大战略共同服务于创新型国家的建设。

Illustrator 课程是艺术设计类专业的技能课程，也是学科的基础课程，起到承上启下的重要作用。该软件功能强大，使用范围广泛，可为今后从事设计类工作提供强大的技术支持。

全书共十章，第一章介绍了软件的基本信息、重要工具、基本操作方法和新增功能；第二章详细讲述了如何制作和编辑图形，变形功能的使用，外观、样式和符号的使用；第三章讲述了如何使用钢笔和画笔工具；第四章讲述了关于颜色的知识、图形填充、网格工具的使用、混合和封套工具的使用；第五章介绍了如何使用效果画廊以及3D 效果、其他效果的表现；第六章讲述了文字和图表的编辑方法以及标尺、对齐、剪切蒙版的使用；第七章讲述了写实风格和卡通风格插画设计；第八章讲述了书籍封面设计和画册内页设计；第九章讲述了 VI 基础部分中的字体设计、标志设计以及VI 应用部分中的包装设计、招贴设计；第十章讲述了手机主题视觉设计和 App 界面视觉设计。通过对本书的学习，可以实现版面编排、插画设计、书籍装帧、VI 设计、UI 设计等软件和实际操作能力培养，为市场塑造具备 Illustrator 软件技能的艺术设计类人才。

本书的编著者是高等院校视觉传达设计一线教师，对软件的使用、设计的实践技能有着较为全面的认知，同时也在长时间教学的过程中积累了丰富的教学经验。在书籍的整个编写过程中，编著者体现出认真、严谨的工作态度和实事求是、刻苦钻研的学术精神。

由于编著者水平有限，书中不足之处还望专业人士和读者多提宝贵意见。

编　者
2024 年 1 月

目　　录

第一部分

Illustrator 的基本功能

第一章 认识Illustrator

Adobe Illustrator（AI）作为一款强大的矢量图形处理软件，以其良好的视觉效果和简洁的操作界面，在插图插画、印刷出版、品牌 VI、包装设计、界面设计等领域有着极其广泛的应用。

通过本章的学习，我们可以对 Illustrator 软件有一个整体印象，并能够快速对其特点、功能、基本操作有一个基本的了解。

第一节 软 件 介 绍

一、Illustrator简介

Illustrator 是 Adobe 公司开发的一款经典矢量图形制作与设计软件。早在1987年，Adobe 公司就推出了 Illustrator 1.0 版本，1998 年则推出了划时代的 8.0 版本。进入 21 世纪，Illustrator 依然领跑专业矢量绘图软件。其不仅界面友好、使用方便，也可与其相关软件 Photoshop 共享一些插件和功能，可以实现无缝衔接。两者的快捷键也有着很多相同之处。因此，学习 Illustrator 的方便之处也在于其易用性和通用性。

二、Illustrator的特点

AI 软件最大的特征是其拥有矢量图形处理能力。其拥有强大的绘图工具组，在图形绘制、图案复制、绘画表现等方面更加快速方便。其中，钢笔工具作为最常用的绘图工具，利用贝塞尔曲线的原理设定锚点和方向线，设计师经过练习后可以熟练自如地绘制各种线条。

该软件操作界面简洁，并且可以根据用户需要进行多功能选项设定。设计工具的层叠式面板可以通过选择"窗口"中的相应命令打开或关闭，且支持用鼠标进行移动、放大或缩小，甚至可以将不同面板收纳至一个选项卡面板中，如图 1-1 所示。

AI 拥有独特的网格上色功能，可以使画面色彩更加细腻，效果更加丰富，如图 1-2 所示。

图 1-1

图 1-2

第二节　Illustrator 工具介绍

一、Illustrator界面

Adobe 公司的软件为保持界面统一,都有着相似的工具、面板、菜单栏。通过熟悉 Illustrator 界面,可以快速提升工作效率。

主界面由工具箱、菜单栏、控制面板、活动面板、画板(设计区域)、文档窗口、状态栏等组成,如图 1-3 所示。

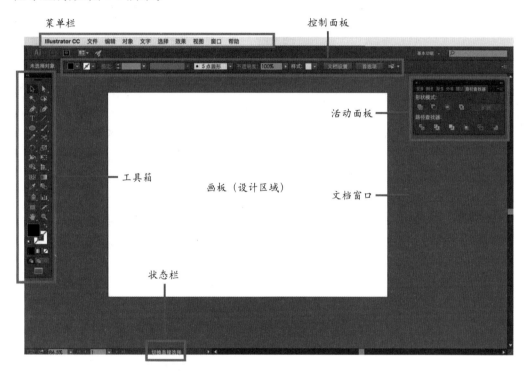

图　1-3

(1)工具箱。工具箱默认在左侧,以竖长条的形式出现,方便用户通过两排图标进行工具选择。它就像一个抽屉一样,其中还包含着其他工具。

(2)菜单栏。主菜单在窗口顶部或屏幕上方(Windows 和 Mac 平台的区别),其中有文件、编辑、对象、文字、选择、效果、视图、窗口、帮助等菜单栏。

(3)控制面板。可以对当前选中的工具进行快速设置。

(4)活动面板。用户可以从“窗口”菜单中调用任何需要的面板,并对它们进行排列和组合。

(5)画板。这是用户设计和绘画的区域,也可称为设计区域。画板是可以被编辑和修改的。根据设计的需要,可以对画板尺寸、数量、排列方式进行参数设定,如图 1-4 所示。

(6)文档窗口。它由画板和画板之外的

图　1-4

区域（页面）组成。新建文档快捷键为 Ctrl+N,保存文档快捷键为 Ctrl+S。可对文档进行更多操作,如另存为、色彩模式修改等。

（7）状态栏。用于提示目前使用的工具名称以及当前的设计动作名称,如钢笔工具、选择工具或移动工具等,便于观察正在进行的操作。

二、Illustrator工具箱概览

AI界面左侧的工具箱包含着多种不同的工具,方便用户使用,如图 1-5 所示,可以把这些工具按照功能分为选择工具组、绘图工具组、图形工具组、颜色选择工具组。其他工具包括符号喷枪🔫、柱形图工具📊、画板工具🔲、切片工具🔪,以及移动或缩放设计区域的抓手工具和缩放工具🔍。

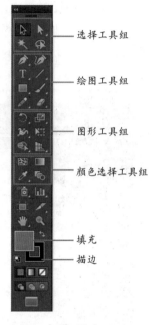

图 1-5

（1）选择工具组。选择工具▶、直接选择工具▷可以分别用于选择图形整体和选择图形上的锚点;魔术棒工具可以用于选择颜色相似的元素;套索工具可以用于快速选择该套索接触到的图形锚点。

（2）绘图工具组。钢笔工具和曲率工具可以用于绘制直线和圆润的弧线。其中钢笔工具组中的添加、删除锚点等功能也包含在这个图标下。文字工具T可以用于输入文字或文本框。直线段工具不仅可以用于绘制直线,长按小三角还可以选择其中的弧形、螺旋线、矩形网格、极坐标网格工具。矩形工具也是一组工具,包括矩形、圆角矩形、椭圆形、多边形工具等。画笔工具及铅笔工具最好能够结合数位板使用,绘画效率更高,表现效果更好。橡皮工具可以用于把长的路径截断为两条短的。

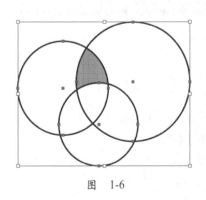

图 1-6

（3）图形工具组。旋转工具、比例缩放工具、自由变换工具可以作用于图形,完成旋转、镜像、缩放、倾斜、自由变换等操作。宽度工具中还包含着多个图形形状工具（变形、旋转扭曲、缩拢、膨胀、扇贝、晶格化、褶皱）。它们的功能十分强大,可以将普通的矩形或其他基本形状变成更为有趣的样式。形状生成工具可以把几个图形的交集生成新的图形,如图 1-6 所示。

在形状生成工具中,还隐藏着实时上色工具和实时选择工具,在后续章节中会讲解它的用法。透视网格工具可以辅助用户绘制带有透视效果的设计图。透视网格开启后,会直接占据画板正中间的位置。若想关闭透视网格,可以选择"视图"→"透视网格"→"隐藏网格"命令。

（4）颜色选择工具组。网格工具可以用于为图形上色,使用得当甚至可以趋近于真实的色彩效果。渐变工具有线性、径向两种渐变方式。吸管工具不仅可以

快速吸取填充色,也可以吸取描边色,为新的图形所用。混合工具可以用于混合图形的形状、颜色,还可以设置混合的步数,具体的操作方法会在后续章节中讲解。

（5）填色和描边。需要注意的是,在 AI 中,□不代表前景色和背景色,而是指选中图形的填充色和描边色。

另外,工具箱中的工具不是每一种都常用,在实际操作过程中,可以根据设计要求和自己的偏好慢慢发现其中的使用规律和技巧。

第三节　Illustrator 基本操作

一、使用工具箱

（1）工具箱的取用与关闭。通过对工具的介绍,可以发现工具箱几乎包含了在设计中绘制对象所需的所有工具。工具箱默认位置在文档左侧,若想移动,可以按选择工具组上方的 ▇▇▇▇▇ 。若想关闭,则需要选择"窗口"→"工具"命令,并取消选中"默认"选项。从"窗口"命令也可以选择工具箱操作,选中"默认"选项即可。

（2）工具箱的小三角标志。工具箱中很多工具都有小三角,这说明在此图标中还隐藏着其他弹出式工具。长按小三角,即可看到隐藏工具,单击选择其中之一,即可替换工具箱中的默认工具。

（3）工具箱的工具图标的提示功能。AI 为用户提供了工具提示功能。将鼠标光标放置在某个图标上超过 2s,即可看到工具提示信息（包括名称和快捷键）,方便初学者对不同工具的了解和熟悉。若已经对所有工具非常熟悉,不想让工具提示显示,则可以选择"编辑"→"首选项"命令打开"常规"设置窗口,取消选中"显示工具提示"选项即可。

二、使用活动面板

（1）调用活动面板。活动面板可以进行开启、移动、组合、关闭等操作。通过"窗口"菜单,可以显示或隐藏某个面板。通过单击该面板或快捷键可以调用面板,如图 1-7 所示。

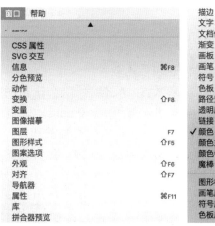
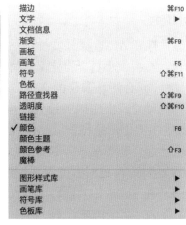

图　1-7

（2）最常用的面板。"图形样式""外观""对齐""描边""文字""渐变""画笔""符号""色板""路径查找器""颜色"等是操作时常用的面板。在设计的具体过程中，根据需要随时调用和调整面板即可。

三、菜单栏的应用规则

（1）项目选项。通过单击菜单栏的某个菜单，可以显示该菜单中的命令。若菜单命令后面出现省略号（...），如图1-8所示，选择该命令则会打开新的对话框。

（2）快捷键。菜单命令后面跟着键盘上的字符或字母，这是该命令的快捷键。

（3）子菜单。菜单命令后跟着小三角，则表示该菜单命令下还有子菜单命令，如图1-9所示。

（4）菜单设置。活动面板的右上角▣是该面板的设置菜单，如图1-10所示。不同的活动面板会有针对自身的菜单命令。

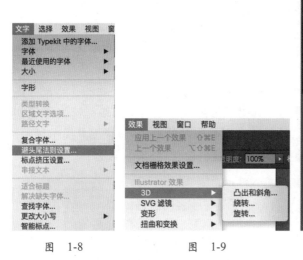

图 1-8   图 1-9

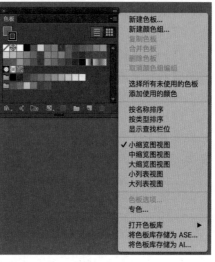

图 1-10

四、常用的操作技巧

1．设计流程

（1）新建。打开AI，选择"文件"→"新建"命令，弹出"新建文档"对话框，如图1-11所示。画板大小可以自定义尺寸，也可使用软件默认尺寸，如图1-12所示。若是自定义尺寸，务必注意单位的选择，如毫米、厘米、像素等，会让相同的数字产生截然不同的文档尺寸。出血线的设置根据设计要求而定，0mm或3mm都是常见的设置。出血线的主要作用是保护成品，多出的部分在打印时会被裁切掉。

（2）修改设置。若要更改与新建的文档结构和信息相关的内容，需要选择"文件"→"文档设置"命令，这时会弹出"文档设置"对话框，可以在其中更改设置参数。

（3）画板。通过画板工具▣，可以在已经建立好的当前文档中继续增加新的画板，如图1-13所示。双击画板工具，还可以对画板选项进行设置，如图1-14所示，包括名称、尺寸等信息都可以在此对话框中修改。

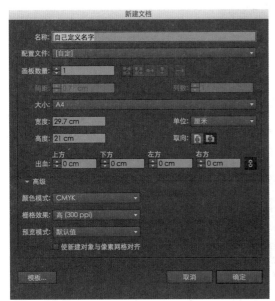

图 1-11   图 1-12

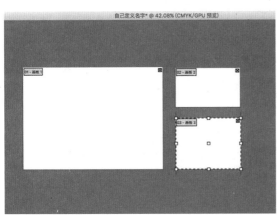

图 1-13   图 1-14

  用户还可以通过控制栏左侧的"文档设置"来编辑画板,如图 1-15 所示。可通过画板的控制点进行放大、缩小等操作,如图 1-16 所示。按住 Alt 键不放并拖动鼠标,即可复制画板。

  (4) 首选项。通过"首选项"对话框可以设置度量单位、键盘增量、描边缩放效果、暂存盘修改、参考线和网格显示等。用户也可以在控制栏的"文档设置"右侧找到"首选项",弹出"首选项"对话框,如图 1-17 所示。

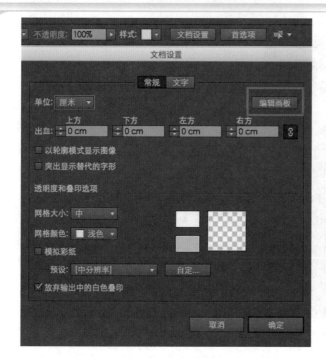

图　1-15

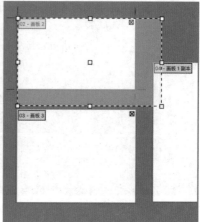

图　1-16

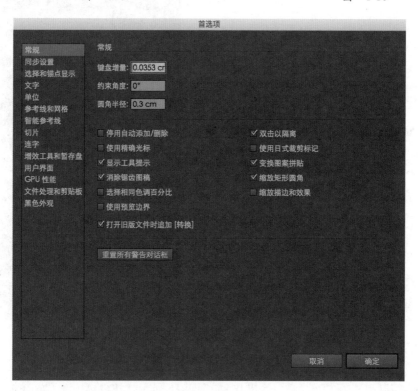

图　1-17

（5）打开、保存、关闭和导出文件。

① 打开。选择"文件"→"打开"命令或按快捷键 Ctrl+O，弹出"打开"对话框，选择文件，单击"打开"按钮，即可在屏幕文档窗口中打开它，如图 1-18 所示。

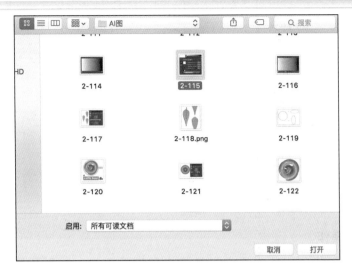

图 1-18

② 保存。通过选择"文件"→"存储"命令或按快捷键 Ctrl+S 可以保存文件。可保存的文件类型有 Adobe Illustrator、Illustrator EPS、Illustrator Template、Adobe PDF、SVG 压缩、SVG 六种格式,如图 1-19 所示。

图 1-19

③ 关闭。选择"文件"→"关闭"命令或按快捷键 Ctrl+W 可以关闭文档。在设计时,建议先存储文档(快捷键 Ctrl+S)再进行关闭操作,否则会丢失已经设计的内容。若还未保存新设计的内容就关闭文档,则会弹出提示框,如图 1-20 所示。可根据具体情况选择不存储、取消或存储。

图 1-20

④ 导出。选择"文件"→"导出"命令可以弹出"导出"对话框。AI 为用户提供了多种导出格式,如图 1-21 所示。其中常用的有以下几种:AutoCAD 绘图格式在 AutoCAD 中创建矢量图标准格式,Flash 格式用于创建动画 Web 图形,JPEG 格式是较常用的图片格式,Photoshop 格式可以通过栅格图像使其通用于 Photoshop,PNG 格式用于无损压缩且支持背景透明,TIFF 格式是保存较多信息的图片格式。需要注意的是,若一个文档中包含着多个画板需要导出,需要选中导出对话框中的"使用画板"选项,并选中稍后在右侧出现的"全部"或"范围"选项。

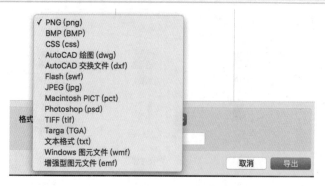

图 1-21

2．文档操作

（1）缩放与移动。AI 为用户提供了多种缩放方法。如工具箱中的缩放工具，它具有很强的针对性，可以通过单击想放大的局部进行精准放大。若想改为缩小，则按住 Alt 键再单击放大镜。当需要快速查看缩放至实际比例 100% 时，双击该工具即可。另外，在设计过程中，用户也常使用快捷键 Ctrl+Space（放大）或者 Ctrl+Alt+Space（缩小）。

当屏幕放大到一定程度，很多图形元素显示不完整，需要移动画面时，可以用抓手工具进行上、下、左、右的自由移动，快捷键为 Space。双击抓手工具，页面可以快速恢复到适合屏幕大小。还可以使用页面下方、右侧的滚动条来移动画面。

（2）使用编辑命令。可以调用菜单栏中的"编辑"工具，从下拉菜单中选择相应的命令，也可以按快捷键来选择一些常用命令。另外，复制和剪切操作可以配合编辑命令中的"贴在前面""贴在后面"使用。

另一个好用的功能在编辑命令中称为"还原"，可理解为后退到上一步，快捷键为 Ctrl+Z。如果做错了一些操作，用户可以利用"还原"命令恢复到希望恢复的那一步。与"还原"相对应的命令是"重做"，快捷键为 Shift+Ctrl+Z。

第四节　Illustrator 新增功能

一、引入Creative云的概念

通过 Creative 云付费来获得软件使用权限的同时，会附赠一个网络存储空间。可以将包括"偏好设定""预设集""笔刷""资料库"等内容的工作区同步到这个云上，方便在不同的设备上使用。

二、自由变换工具

选择该工具时会弹出浮动面板，显示当前对象上可以被选择的操作，包括"限制""自由变换""透视扭曲""自由扭曲"，如图 1-22 所示。选择不同的变换工具，如"拖动""控制锚点"等操作，可以产生不同的变换效果，如图 1-23 所示。

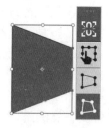

图　1-22

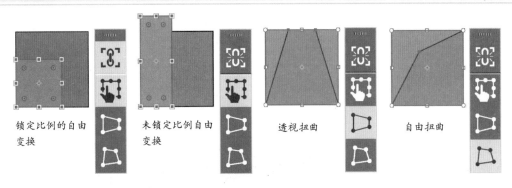

锁定比例的自由　　未锁定比例自由　　　透视扭曲　　　　自由扭曲
变换　　　　　　　变换

图　1-23

三、任意形状改变

从 Illustrator CC 版本开始,在线性渐变、径向渐变的基础上增加了任意形状改变功能,如图 1-24 所示。可以在对象任意位置灵活创建色标,且支持添加、移动、更改颜色,如图 1-25 所示。通过这些自由的色标,用户可以创建更加自然逼真的效果。

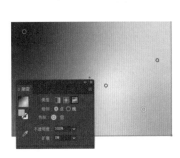

图　1-24

图　1-25

四、取消内嵌图形 嵌入　编辑原稿

拖入 AI 中的图形会自动与外部源文件建立链接,并可以在外部使用其他软件(如 Photoshop)进行编辑和存储,这时会出现提示框,询问是否更新文件,如图 1-26 所示。

图　1-26

五、图像描摹 图像描摹

针对位图的色彩和图形、线条提供强大的描图功能,将点阵图形转换为可被编辑的矢量图,如图 1-27 所示,AI 为用户提供了多种描摹样式。

六、3D效果（在效果菜单之中）和透视网格工具

通过突出和旋转路径,可将二维形状转变为可编辑的三维物体,还可以加入光源和表面贴图,如图1-28所示。而运用透视网格作为参考线,可以精确绘制1点、2点、3点透视,获得更准确的透视画面效果,如图1-29所示。

图 1-27

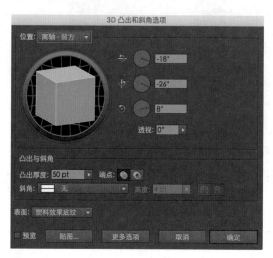

图 1-28

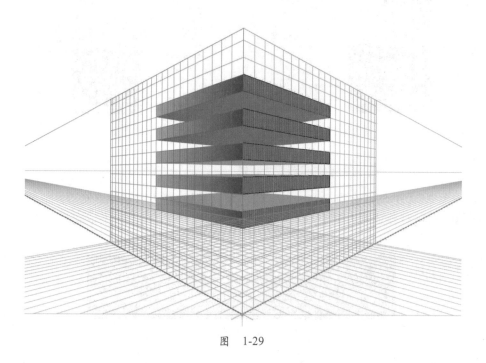

图 1-29

此外,Illustrator CC还增加了触控文字工具、云端可视化字体浏览、可变宽度笔触、支持多个画板、字体搜寻、同步设定、多个档案位置、CSS摘取、同步色彩、区域和点状文字转换、用笔刷自动制作角位的样式等内容。

第二部分

Illustrator 入门从临摹开始

第二章　简单有趣的几何图形

Illustrator 的图形编辑能力非常强大。通过使用软件中的不同工具可以设计出丰富多样的矢量图形,从而为进一步设计编排做好充分的准备。

本章将通过简单的图形制作和表达,介绍使用工具箱中的选择工具组、绘图工具组、变形工具组的基本用法,并通过对外观面板、图形样式、符号面板的巧妙使用,快速制作出丰富的图形。

第一节　制作和编辑图形

一、用矩形工具组工具绘制简单图形

矩形工具组中包括矩形工具、圆角矩形工具、椭圆工具、多边形工具、星形工具、光晕工具。通过长按矩形图标右下方的小三角,可以调用工具组中的不同工具,如图 2-1 所示。通过单击图 2-1 所示右侧的三角 ▶,可以使矩形工具组以浮动面板形式出现,如图 2-2 所示。

图　2-1　　　　　　　　　　图　2-2

1.矩形工具、圆角矩形工具

(1)直接绘制。单击工具栏中的矩形工具或按快捷键 M,在画板中单击并沿着对角线方向拖动鼠标,即可创建一个矩形。单击的起始点到释放点的距离越大,矩形越大,如图 2-3 所示。圆角矩形的创建与矩形一样,通过单击并拖曳鼠标进行创建。按 Shift 键可以创建一般正方形和圆角正方形。

(2)精确绘制。单击工具栏中的矩形工具或按快捷键 M,再单击空白处,弹出"矩形"对话框,输入宽度、高度,单击"确定"按钮即可,如图 2-4 所示。在此对话框中,还可以通过选中比例约束选项,对宽、高比例进行约束。圆角矩形的精确绘制也可通过单击空白处并设置弹出对话框的参数来加以实现。需要注意的是,它在矩形参数基础上增加了半径参数。

(3)圆角矩形的角半径。圆角矩形从矩形演变而来,当角半径的数值为 0,则成为矩形;当角半径是某一数值时,则会形成圆角矩形,数值越大圆角矩形的"圆角"越大,如图 2-5 所示。

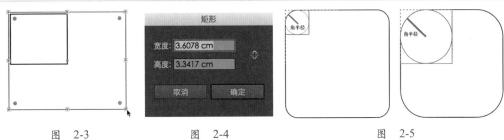

图　2-3　　　　　　　图　2-4　　　　　　　图　2-5

（4）调整对象参数。在矩形、圆角矩形被选中的状态下,可通过画板正上方的对象选项面板对其不同参数做出选择和调整。如图 2-6 所示,从左向右常用的参数依次是"填充色彩""描边色彩""描边粗细""变量宽度""配置文件""画笔定义""不透明度""样式""形状宽高""边角类型""圆角半径"。在设计中可根据不同需要进行参数选择和编辑。图 2-7 和图 2-8 所示为矩形设置描边粗细、定义不同的画笔样式。

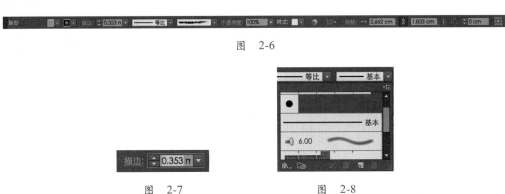

图　2-6

图　2-7　　　　　　　　　　图　2-8

🤙【操作技巧】

① 快速更改矩形外观。创建矩形后,除了可以使用对象选项面板编辑矩形的外观外,还可以使用以下方式修改矩形外观:使用左侧工具栏中的"填色""描边""渐变",如图 2-9 所示;选择"窗口"→"外观"命令,弹出"外观"浮动面板,修改"填色""描边""不透明度",如图 2-10 所示。

图　2-9　　　　　　　　　　图　2-10

② 画出满足设计要求的圆角矩形。在创建圆角矩形时，通过输入数值更改圆角矩形的角半径不能直观看到圆角的大小，因此可以使用"对象选项"面板最右侧的"圆角半径"参数，通过单击上下箭头，同时观察圆角矩形的变化，可进行更为直观的调整。

2. 椭圆工具

椭圆工具与矩形工具一样，也可以通过单击并拖动鼠标、精确绘制两种方式创建。配合 Shift 键的使用，可绘制正圆形。如果操作时按住 Shift 键、Alt 键，该圆将从圆心开始创建。

3. 多边形工具

利用多边形工具在拖动绘制图形时，可以通过键盘上的上下箭头控制边的数量，同时按 Shift 键。若想绘制更为精确的多边形，则可在画板空白区域单击，出现对话框，如图 2-11 所示，其中，半径是指从多边形中心到任意一个顶点的距离，边数即多边形的边数。

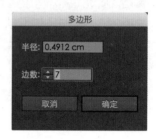

图 2-11

在用多边形创建形状时，按 Shift 键会创建在屏幕中垂直的多边形，如在创建三角形时按 Shift 键，则有一条底边完全垂直于水平线；按空格键则可以在绘制的同时对该多变形进行拖动。此外，通过多边形工具创建的形状都是等边的，如正三角形、正方形、正六边形等。

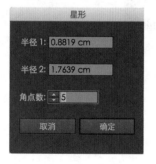

图 2-12

4. 星形工具

与多边形工具一样，利用星形工具在拖动绘制图形时，可以通过键盘上的上下方向键进行形状改变，上方向键↑为增加角，下方向键↓为减去角。角最少的星形是三角形。若想绘制角数更为精确的多边形，则可在画板空白区域单击，出现对话框，如图 2-12 所示，可以输入第一半径、第二半径以及角点数。

在用星形工具创建形状时，按 Shift 键会创建垂直于屏幕的多边形，如创建五角星时按 Shift 键，则下方两角顶点连线与水平方向一致，如创建六角星时按 Shift 键，则有一角顶点与中心点连线与垂直方向一致；按 Ctrl 键拖动星形其外部角点会进行扩展从而形成细长样式的星形，如图 2-13 所示。按 Alt 键拖动星形更适用于角数较少的形状，如在创建五角星时按 Alt 键，会得到一个正五角星，如图 2-14 所示。

图 2-13

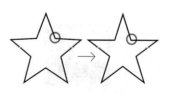

图 2-14

【操作技巧】

（1）巧用形状锚点。形状在选中状态下默认是以蓝色方式显示边框和锚点。通过使用工具栏右上方的白色箭头，可以选中该形状的一个锚点、一条或多条边。

① 创建矩形。通过框选或按 Shift 键连续单击选择该边的两点，选中矩形一条边，横向拖动可变为平行四边形，如图 2-15 所示。

② 创建六边形。按 Shift 键选中不相邻的两边并向下拖动，会形成新的形状，如图 2-16 所示。

（2）学会使用快捷键。在设计实践过程中，熟练使用快捷键可以大幅度提升工作效率。

① V 键：对应工具栏左上方的选择工具（黑色箭头）。

② A 键：对应工具栏右上方的直接选择工具（白色箭头）。

③ M 键：对应矩形工具。

④ Shift 键：可协助用户绘制正方形、正圆形，或保证形状与水平线的垂直，或拖动形状时保证其朝着水平或垂直方向移动。

⑤ Alt 键：在选中某形状的状态下，拖动形状并同时按 Alt 键会出现黑白双箭头，则可以复制形状。

⑥ ～键：在绘制矩形、圆角矩形、多边形、星形，以及线型工具中的直线、弧线、螺旋线时，同时按"～"键，会迅速出现多个相同元素，表现出有趣的设计样式。如图 2-17 所示为按"～"键后绘制的星形。

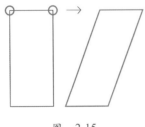

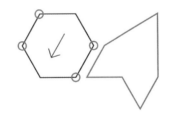

图　2-15　　　　　　　图　2-16　　　　　　　图　2-17

5. 光晕工具

光晕工具的原理是模仿镜头光晕的效果，通过创建光晕在画面中产生明亮的中心、光晕、射线以及光环。图 2-18 所示为不同大小的光晕效果。也可以通过光晕对话框调整参数，如图 2-19 所示。其中，"居中"用于调整光晕效果的整体大小、不透明度；"光晕"用于通过"增大"设置光晕发光程度，而"模糊度"则可以控制光晕的柔和程度；"射线"用于控制射线的数量、最长射线的长度、射线的柔和程度；"环形"通过"路径"可以调整光晕效果中心与末端的距离、光环的数量、光晕效果中光环的最大比例；"方向"可控制光晕效果的发射角度。

在创建光晕时按 Shift 键，可以固定光晕射线的角度；按 Ctrl 键并继续拖曳鼠标，则可以在射线不变的情况下增大光晕，如图 2-20 所示。与其他形状类似，按空格键可以在绘制时对该光晕进行移动，上方向键↑、下方向键↓则可增加、减少射线数量。

图 2-18

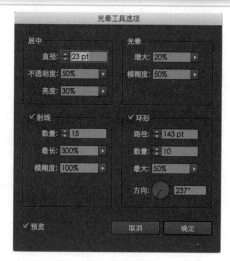

图 2-19

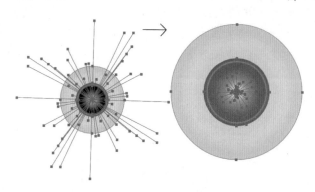

图 2-20

二、变换基本图形

1. 矩形的变换

使用选择工具、直接选择工具及"复制""对称""对象选项面板"等功能，可以让矩形产生变化，以满足标志设计、UI 设计等的需求。

📑**注意**：本练习中的色彩只起到区分和指示作用，可根据具体设计要求进行调整、替换；对于形状大小尺寸，也可根据设计要求进行设置。

【随堂练习 2-1】 矩形元素图标设计

选择"文件"→"新建"命令或快捷键 Ctrl+N 新建空白文档，在弹出的"新建文档"对话框中，将名称设为"矩形元素图标设计"，宽度设为 100mm，高度设为 50mm，其他设置保持默认值，如图 2-21 所示。

（1）图标 1。最终效果如图 2-22 所示。使用矩形工具新建一个大小适中的矩形，使用直接选择工具选中矩形右侧两点并向上拖动，形成平行四边形，如图 2-23 所示。在该形状被选中状态下右击，在弹出的快捷菜单中选择"变换"→"对称"命令，弹出"镜像"对话框，如图 2-24 和图 2-25 所示。在对称对话框中选中"垂直"单选按钮,并单击左下角的"复制"按钮,即可在原形状基础上复制一个垂直对称的新形状,如图 2-26 所示。

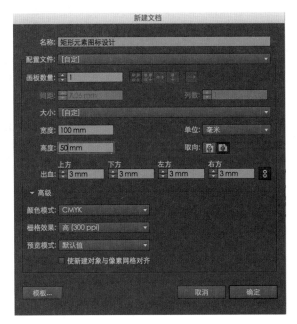

图 2-21

矩形元素图标设计 1

图 2-22

图 2-23

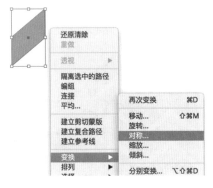

图 2-24

图 2-25

图 2-26

按 Shift 键向右拖动该形状，得到如图 2-27 所示的图形。框选这两个图形并按 Alt 键向下拖动到合适位置，如图 2-28 所示。继续框选复制同时按 Shift 键保持水平向右移动，如图 2-29 所示。根据设计需要继续向其他方向复制，如向下复制，如图 2-30 所示。

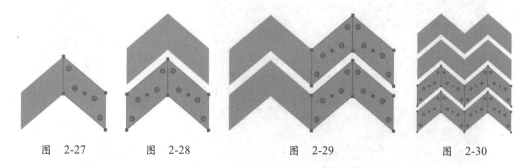

图 2-27　　　图 2-28　　　　　　图 2-29　　　　　　　图 2-30

使用选择工具并按 Shift 键连续选中一行 4 个平行四边形，右击并在弹出的快捷菜单中选择"编组"命令，或按快捷键 Ctrl + G，使其编组，方便统一调整外观，如图 2-31 所示。保持此编组处于选中状态下，双击左侧工具栏下方的"填色"按钮，弹出拾色器，根据设计需要选择相应色彩即可改变该编组的填充色彩，如图 2-32 所示。根据设计需要继续调整图形色彩，如图 2-33 所示。还可以通过框选图形对其宽度做出适当调整或整体改变色彩搭配，如图 2-34 所示。

（2）图标 2。最终效果如图 2-35 所示。使用矩形工具和 Shift 键，新建一个大小适中的正方形并填充设计需要的颜色（如芽绿色），如图 2-36 所示。

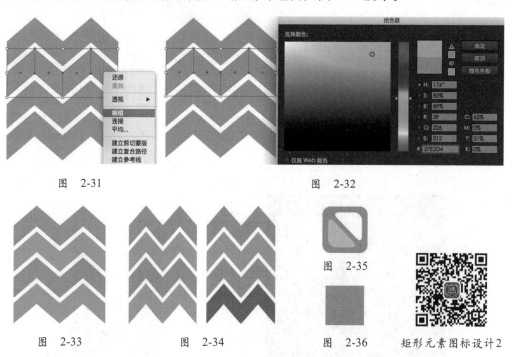

图　2-31　　　　　　　　　　图　2-32

图　2-33　　　　　图　2-34　　　图　2-35　　图　2-36　　矩形元素图标设计2

选中正方形并按快捷键 Ctrl+C 和 Ctrl+F 进行图形的原位复制；再对新的正方形进行缩放，按快捷键 Shift+Alt 从形状中心朝内等比例缩放，形成一个小一些的正方形，根据设计需要填充颜色（如柠檬黄色），效果如图 2-37 所示。使用直接选择工具 ，选中新正方形右上角的顶点(如图 2-38 所示圈出的点)，并按 Delete 键进行删除，得到的图形如图 2-39 所示。

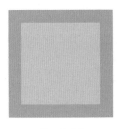
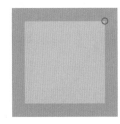
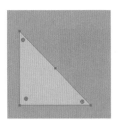

图　2-37　　　　　　　图　2-38　　　　　　　图　2-39

使用钢笔工具闭合该三角形，右击并在弹出的快捷菜单中选择"变换"→"对称"命令，弹出"镜像"对话框，如图 2-40 所示，注意单击"复制"按钮，得到如图 2-41 所示的效果。选中新的三角形并朝右上方挪动到合适位置，调整色彩（如白色），如图 2-42 所示。

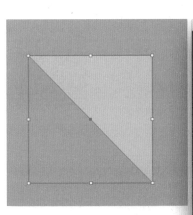

图　2-41

图　2-40　　　　　　　　　　　　　　　　　　图　2-42

选中绿色正方形，在对象选项面板右侧调整其圆角参数，如图 2-43 所示。选中黄色方块，在上方菜单栏中选择"效果"→"风格化"→"圆角"命令，打开"圆角"对话框，设置适合的大小，再选中"预览"选项，如图 2-44 所示。选中白色正方形，在菜单栏中选择"效果"→"应用'圆角'"命令，如图 2-45 所示，最终形成如图 2-35 所示的效果。

【操作技巧】

区分闭合与非闭合形状的方法如下。

在图标 2 的制作中，图 2-46 所示左侧的图形是通过删除正方形顶点得到的，因此是一个非闭合的三角形；右侧则是闭合形状与非闭合形状的描边对比。为了方便后续设计,则会使用钢笔工具 ✎ 对其进行闭合,如图 2-47 所示,方法是先后用钢笔工具单击蓝圈中的两个锚点,使形状闭合。

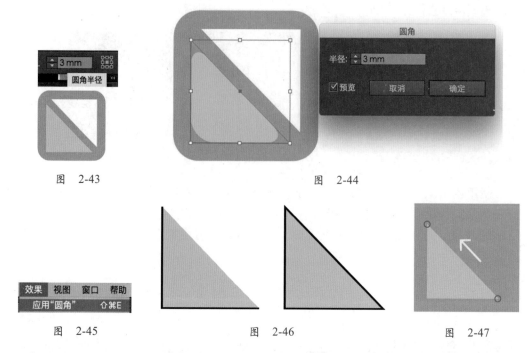

图 2-43 图 2-44

图 2-45 图 2-46 图 2-47

（3）图标 3。最终效果如图 2-48 所示。选中矩形,当光标变为 ↰ 时,可以旋转矩形,并按 Shift 键控制其旋转角度,朝左旋转 45°,如图 2-49 所示。选中矩形,右击,在弹出的快捷菜单中选择"对称"命令,打开"镜像"对话框并单击"复制"按钮,如图 2-50 所示。

矩形元素图标设计 3

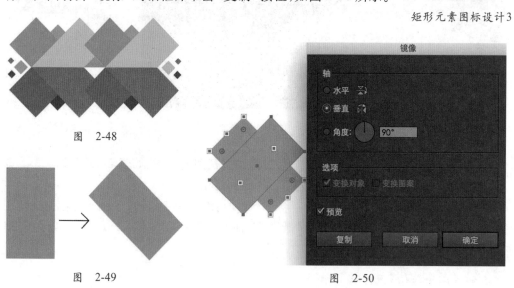

图 2-48

图 2-49 图 2-50

为新创建的矩形填充黄色,并按 Shift 键将矩形向右拖动到如图 2-51 所示的位置。再次复制矩形,填充色改为蓝色,拖动至如图 2-52 所示的位置。选中蓝色矩形,右击并在弹出的快捷菜单中选择"排列"→"置于底层"命令,或按快捷键 Ctrl +]、

Ctrl+[，进行前后层次调整，如图 2-53 所示。使用直接选择工具对绿色和黄色矩形的个别顶点进行调整，从而得到如图 2-54 所示的形状。

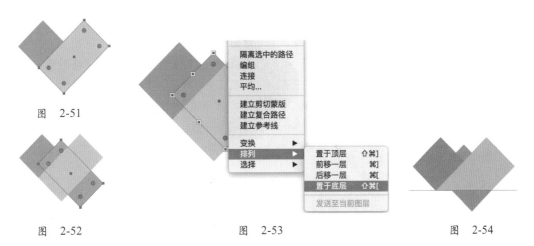

图　2-51

图　2-52　　　　　　　　　　　图　2-53　　　　　　　　　　　图　2-54

选中蓝色矩形，使用直接选择工具对其调整，如图 2-55 所示。按快捷键 Ctrl+G 群组三个矩形并进行复制，在两组矩形之间的空白处绘制一个橙色矩形，注意图形之间的前后层次关系，如图 2-56 和图 2-57 所示。对整个图形进行编组，如图 2-58 所示。对此图形进行对称、复制，得到如图 2-59 所示图形。根据设计需要，使用直接选择工具单独选中群组中的某些矩形，进行新的颜色填充，如图 2-60 所示。根据设计和美观需求，在大的形状两边点缀小的矩形，如图 2-61 和图 2-62 所示，最终形成具有大小和色彩对比的图标样式。

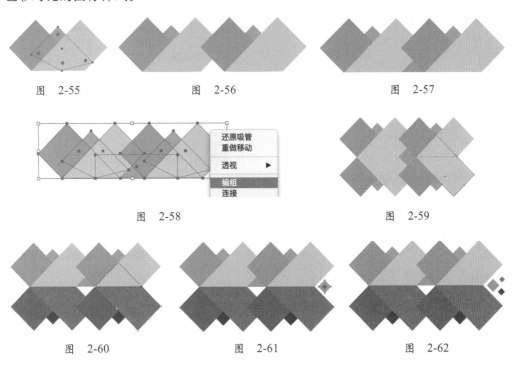

图　2-55　　　　　　　　　　　图　2-56　　　　　　　　　　　图　2-57

图　2-58　　　　　　　　　　　　　　　　　　　　图　2-59

图　2-60　　　　　　　　　　　图　2-61　　　　　　　　　　　图　2-62

👆【操作技巧】

巧用标尺和参考线的方法如下。

在 AI 中创建的图形元素默认具有靠齐顶点、线段、参考线的功能。在图标 3 的制作中，若要将第三个蓝色矩形准确放入绿、黄矩形的中间，需要选择"视图"→"标尺"→"显示标尺"命令，如图 2-63 所示。从上方和左侧的标尺上可以拖动出天蓝色的参考线，被选中的参考线为深蓝色显示，如图 2-64 所示。通过事先拖动参考线到适合位置，可以固定图形之间的位置，如图 2-65 所示。还可以通过按快捷键 Ctrl+R 或 Ctrl+2 显示或锁定标尺；被锁定的参考线则可以通过选择"参考线"→"释放参考线"命令进行解锁，如图 2-66 所示。

图　2-63

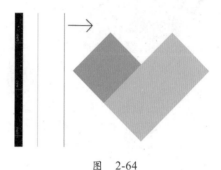

图　2-64

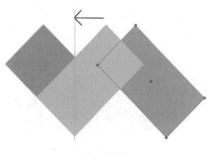

图　2-65

图　2-66

2．椭圆的变换

使用选择工具、直接选择工具、钢笔工具及"复制""旋转""描边""路径查找器"等功能，可以对椭圆形进行编辑，以满足图标设计、海报元素设计等需求。

【随堂练习 2-2】椭圆形图标设计

选择"文件"→"新建"命令或按快捷键 Ctrl+N 新建空白文档，在弹出的"新建文档"对话框中，将名称设为"椭圆形图标设计"，宽度设为 100mm，高度设为 50mm，其他设置保持默认值。

（1）图标 4 的制作引导。最终效果如图 2-67 所示。使用椭圆工具并按 Shift 键新建一个大小适中的正圆形，选中并按 Alt 键向右拖动，并复制一个正圆形（按 Shift 键保持水平），如图 2-68 所示。为两圆形填充相应的颜色，如图 2-69 所示。选中两圆形，按快捷键 Ctrl+C、Ctrl+F 进行原位复制，如图 2-70 所示。

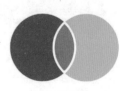

图　2-67

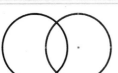
图　2-68

图　2-69　　　　　　图　2-70

椭圆形图标设计1

选择"窗口"→"路径查找器"命令,打开"路径查找器"面板,如图2-71所示。选中上层的两个圆形,单击"路径查找器"面板上方"形状模式"中的交集模式,得到两个圆的交集,并填充适当颜色,如图2-72所示。调用"描边"面板,选中橙色的两圆交集,为它增加适当粗细白色描边,如图2-73所示。

图　2-71

图　2-72

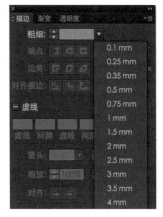
图　2-73

👆【操作技巧】

下面介绍如何使用路径查找器功能。

通过路径查找器可以将简单图形组合成复杂的图形,如图2-74所示。

① 形状模式:"联集" 功能将选中的多个图形合并,并集体使用最上层对象的颜色,如图2-75所示。"减去顶层" 功能用最上层的图形减去后面的图形,形成新的形状并保留后面图形的相关属性,如图2-76所示。"交集" 功能保留图形间的重合部分,显示为最上层图形的相关属性,如图2-77所示。"差集" 功能与"交集"功能相反,

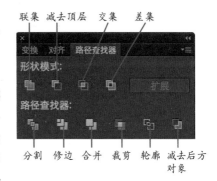
图　2-74

"差集"功能只保留图形间的非重合部分,显示为最上层图形的相关属性。对上下两个正方形使用"差集"功能,并在此基础上使用原位复制、旋转、以中心缩放,效果如图2-78所示;若对三个元素使用"差集"功能,则可得到如图2-79所示的效果。

② 路径查找器:"分割" 功能用上层的路径对下层图形进行分割,如图2-80所示。"修边" 功能将前后图形重叠的部分删除,保留其原来的填充色,无描边,如图2-81所示。"合并" 功能可以合并相异色彩的图形,则重叠部分将被删除,如图2-82所示;合并相同色彩的图形,则被合成一体,如图2-83所示。"裁剪" 功能

25

保留最上面图形和下面图形的交集，同时去掉描边，如图 2-84 所示。"轮廓" ▣ 功能
与分割相类似，但会把图形切割成一段段分开的线段，如图 2-85 所示。"减去后方对
象" ▣ 功能与形状模式中"减去顶层"功能刚好相反，是用上面的图形减去下面的图
形，如图 2-86 所示。

图 2-75　　　　　　　图 2-76　　　　　　　图 2-77

图 2-78　　　　　　　图 2-79　　　　　　　图 2-80

图 2-81　　　　　　　图 2-82　　　　　　　图 2-83

图 2-84

图 2-85　　　　　　　　　　　图 2-86

（2）图标 5 的制作引导（最终效果如图 2-87 所示）。使用椭圆工具并按 Shift 键
新建正圆形，按快捷键 Ctrl+C、Ctrl+F 进行原位复制，并按 Alt 键、Shift 键进行同圆心、
等比例缩放；选中新编辑好的圆形，再单击并选择"路径查找器"面板上方"形状模
式"中的"减去顶层" ▣ 功能，得到圆环，如图 2-88 所示。单击并选择工具栏中的"旋
转"选项，将默认浅蓝色的旋转中心移动至蓝色圈的位置，以便使圆形会根据新的旋
转中心旋转，如图 2-89 所示。

 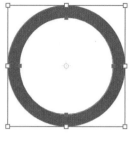 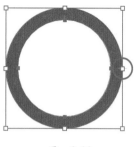

图　2-87　　　　　　图　2-88　　　　　　图　2-89　　　　椭圆形图标设计 2

在向右上旋转时,同时按 Alt+Shift 组合键,复制、控制旋转角度为 90°,如图 2-90
所示。使用"路径查找器"面板上方"形状模式"中的"减去顶层"![](功能,得
到如图 2-91 所示的形状;取消编组并删除右上方多余形状,如图 2-92 所示。

 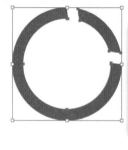  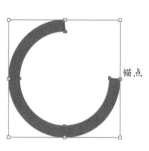

图　2-90　　　　　　图　2-91　　　　　　　　　图　2-92

继续使用旋转工具,以图形右侧锚点为旋转中心,旋转并复制图形,如图 2-93 所
示。按快捷键 Ctrl+D(重复做上一步)两次,得到图形如图 2-94 所示。在此图形基
础上整体旋转 90°,即可完成制作。

图　2-93　　　　　　　　　图　2-94

第二节　变形功能的使用

长按左侧工具栏中部的宽度工具,即可弹出变形工具组,如
图 2-95 所示。设计师利用不同的变形工具对图形进行变化,可
以得到丰富多样的、自然有趣的设计效果。

【随堂练习 2-3】变形功能图标设计

选择"文件"→"新建"命令或按快捷键 Ctrl+N 新建空
白文档,在弹出的"新建文档"对话框中将名称设为"变形

图　2-95

功能图标设计"，宽度设为 100mm，高度设为
50mm，其他设置保持默认值。

（1）图标 6 的制作（最终效果如图 2-96
所示）。

① 制作植物叶片。使用钢笔工具或直线
工具绘制一条纵向直线，并选择"窗口"→"描
边"命令，将直线描边改粗一些，如图 2-97 所
示。选中直线，在描边面板底部单击"配置文
件"右侧按钮，如图 2-98 所示。选择配置文
件 5 并应用在直线上，如图 2-99 所示。

图   2-96

图   2-97

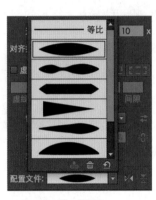

图   2-98

图   2-99

变形功能图标设计 1

选择宽度工具，当宽度工具在直线上游走时，会出现控制形状的锚点，单击或拖动
则可增加锚点或编辑线条。如图 2-100 所示，将直线描边调整成饱满的叶片形状。选
择"对象"→"扩展外观"命令，使直线描边转变为可编辑的形状，如图 2-101 所示。
根据设计需要对该图形进行缩放和色彩调整（可使用渐变工具填充过度柔和的渐变
色彩），如图 2-102 所示。

图   2-100

图   2-101

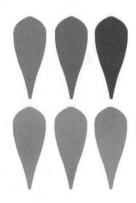

图   2-102

此外，还可以将设计好的宽度笔触增加到"配置文件"中。单击"配置文件"下
拉按钮，选择底部中间的，弹出"变量宽度配置文件"对话框，形成自定义宽度笔
触，如图 2-103 所示。通过设置自定义宽度笔触，可以方便今后的设计使用。例如，在

画板上随意绘制一些直线,选择"描边"→"配置文件"命令,直线即以自定义宽度笔触的形式出现,如图 2-104 所示。

图　2-103　　　　　　　　　　　　　　　　　图　2-104

② 制作土石和花盆。先制作土石。使用椭圆工具绘制正圆形进行多次复制或在一次复制后按快捷键 Ctrl+D 使用"重复"命令复制多个形状,如图 2-105 所示。使用工具箱的变形工具组中宽度工具下方的变形工具,将图形变形到合适的形状,如图 2-106 所示。

根据设计需要改变图形的色彩,并摆放在植物下方;右击并在弹出的快捷菜单中选择"排列"命令,调整土石与植物之间的层次关系,如图 2-107 所示。再制作花盆。绘制圆角半径为 7mm 的圆角矩形,并填充暖色。继续使用变形工具对圆角矩形上方的一条边进行改变,如图 2-108 所示。

图　2-105　　　　　图　2-106　　　　　图　2-107　　　　　图　2-108

接下来制作花盆的高光效果。绘制合适大小的矩形,并使用变形工具对其进行弯曲,如图 2-109 所示,再将植物叶片、土石、花盆摆放至合适位置,即可完成制作,如图 2-110 所示。

图　2-109　　　　　　　　　　　　　　　　图　2-110

🐾【操作技巧】

① 初识渐变工具。可以通过左侧工具栏或选择"窗口"→"渐变"命令弹出渐变面板,如图 2-111 所示。单击渐变图标旁边的下拉按钮,可以选择渐变色彩的模式,如图 2-112 所示。渐变类型可以选择线性、径向两种,如图 2-113 所示。拖动上方中间的滑块或拖动左右两侧的滑块,可以调整渐变色之间的占有比例,如图 2-114 所示。

图 2-113

图 2-111   图 2-112   图 2-114

双击下方的滑块，可以编辑色彩，如图 2-115 所示。在色带条底部空白处单击，则可增加渐变节点，如图 2-116 所示。在图标 6 的制作过程中，所使用的渐变为径向渐变，如图 2-117 所示。可以通过选中目标对象，单击左侧工具栏的渐变工具，在对象上方更直观地调节色彩的渐变效果，如图 2-118 所示。

图 2-115   图 2-116

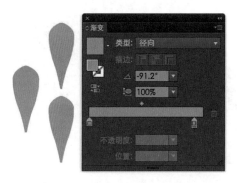

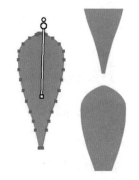

图 2-117   图 2-118

② 变形工具组的画笔形状控制。选中任意变形工具组的工具，如变形工具，按 Alt 键并在画面任意位置点拖动该工具的画笔，会发现图形从默认的圆形变为长椭圆或扁椭圆形，如图 2-119 所示，同时按 Shift 键则可实现等比例放大或缩小。

（2）图标 7 的制作引导（最终效果如图 2-120 所示）。

① 制作流动的咖啡。绘制正圆形，使用渐变工具为其填充色彩，填充色如图 2-121 所示。使用旋转扭曲工具，结合对画笔大小的控制，制作成如图 2-122 所示的表达方式。

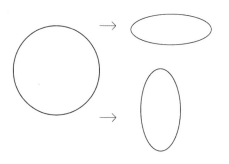

变形功能图标设计 2

图　2-119　　　　　　　图　2-120

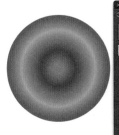

图　2-121　　　　　　　图　2-122

② 制作杯子和咖啡豆。绘制合适大小的圆角矩形杯把和圆环。选中圆环和杯把，在右上角的状态栏中出现对齐方式的图标，从中选择水平居中对齐图标，则圆环和杯把呈水平居中对齐。将已经做好的流动咖啡拖动并缩放至合适位置，如图 2-123 所示，形成俯视的咖啡杯形象。绘制一条灰色直线，并使用宽度配置文件 2 的模式，如图 2-124 所示。通过绘制椭圆形、变换直线大小位置、复制等操作，形成如图 2-125 所示的咖啡豆。

图　2-123　　　　　　图　2-124　　　　　　图　2-125

③ 制作文字。选择文字工具，如图 2-126 所示。在页面适合位置输入文字 coffee hour，在状态栏中选择适合字体（本例选用 Arial Black），如图 2-127 所示（注意：为避免出现字体缺失的情况，在字体确认后，可右击并在弹出的快捷菜单中选择"创建轮廓"命令进行轮廓化处理，如图 2-128 所示）。为该段文字增加圆角矩形背景，设计文字与背景的色彩，并利用标尺整体调整各元素的相对位置，如图 2-129 所示。

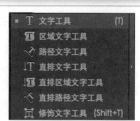

图　2-126

图　2-127

图　2-128

图　2-129

在变形工具组中，除了以上介绍的宽度工具、变形工具、旋转扭曲工具外，还有缩拢工具、膨胀工具、扇贝工具、晶格化工具、皱褶工具，如图 2-130 所示。

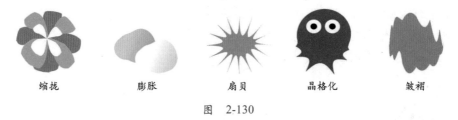

缩拢　　　　　膨胀　　　　　扇贝　　　　　晶格化　　　　　皱褶

图　2-130

第三节　理解外观、样式、符号

一、外观面板的控制

选择"窗口"→"外观"命令，弹出"外观"面板，即可查看当前对象的各项外观属性，如图 2-131 所示。该面板左上角是当前路径或图层的缩略图，面板中部内容为应用于该对象的全部属性列表，包括效果、描边、填色、不透明度等。单击选择其中一个属性（如描边），即可直接修改该属性，如图 2-132 所示。面板底部按钮由左至右依次是"添加新描边""添加新效果""清除外观""复制所选项目""删除所选项目"。若同时选中好几个对象,则只能显示出"混合外观"的字样。

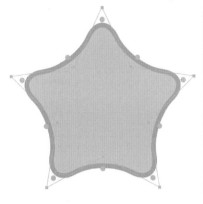

图　2-131

图　2-132

需要注意的是,在外观面板中后应用的属性默认位于先应用的属性之上,如图 2-133 所示。观察两种颜色的描边,蓝色处于橙色之上。要改变其层叠顺序,则可通过拖动外观顺序来实现(按眼睛图标拖动),如图 2-134 所示为将橙色描边拖动到蓝色描边之上;再修改其透明度属性,则可看到遮挡在下方的蓝色描边。

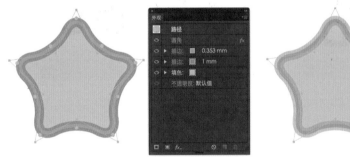

图　2-133

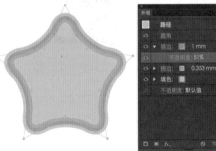

图　2-134

【随堂练习2-4】使用外观装饰对象

最终效果如图 2-135 所示。选择"文件"→"新建"命令或按快捷键 Ctrl+N 新建空白文档,在弹出的"新建文档"对话框中,将名称设为"外观装饰对象",宽度设为100mm,高度设为50mm,其他设置保持默认值。在页面上输入"甜品"两字,并在字库中选择合适的字体,如图 2-136 所示。确定字体后,右击并弹出的快捷菜单中选择"创建轮廓"命令,以便继续对其进行编辑,如图 2-137 所示。继续右击文字并在弹出的快捷菜单中选择"取消编组"命令,使每一个字成为独立个体,如图 2-138 所示。

选中"甜"字,弹出"外观"面板,对其填充色进行修改,可以自行设计颜色,也可使用 AI 中提供的配色方案进行设计,如图 2-139 所示。单击填色 小三角,在色板左下角单击 色板库菜单,即可对多种配色方案进行选择,如图 2-140所示。

使用外观装饰对象

图　2-135

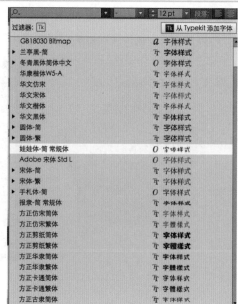

图　2-136

图　2-137

图　2-138

图　2-139

图　2-140

本练习通过调用甜品、冰激凌配色方案进行设计参考，为"甜"字填充粉红色，如图 2-141 所示。保持"填色"选中状态下，在外观面板底部单击"复制所选项目"按钮，并将排列顺序靠下的填色改为浅蓝色，如图 2-142 所示。

图　2-141　　　　　　　　　　　　　　　　图　2-142

保持这一填色的选中状态，单击外观面板底部的 *fx* 按钮选择"效果"→"路径"→"位移路径"命令，如图 2-143 所示。在弹出的"偏移路径"对话框中选中"预览"复选框，观察文字变化并根据设计需要，设置位移路径的数值，如图 2-144 所示。继续复制填色，为最靠下的填色设置淡黄色，并继续设置位移路径的效果，数值根据设计需要进行调整，如图 2-145 所示。

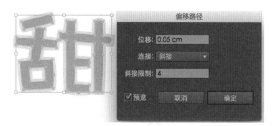

图　2-144

图　2-143

图　2-145

保持"甜"字的选中状态，从其"外观"面板左上角的缩略图标进行拖动，直到拖至"品"字上方，出现绿色加号时即可放手，则"品"字快速复制了"甜"字的外观，如图 2-146 所示。参考色板中甜品、冰激凌色，还可快速设计出多种配色方案，如图 2-147 所示。

图 2-146

图 2-147

📞【操作技巧】

扩展外观方法如下。

选中"甜品"两字，选择"对象"→"扩展外观"命令，则可将对象外观转化为单个的对象，如图 2-148 所示。各个元素可以用于其他相关设计，但是无法返回到最初的复杂外观。

图 2-148

二、使用图形样式面板

通过图形样式可以提前存储一套属性。当对象使用某种样式时，会呈现出已经定义的属性。若多个对象共用一种样式，还可通过更新样式来实现多个对象属性的快速更新。与外观面板对单个对象进行外观控制或者需要手动为个别对象附加相同外观相比，图形样式可以实现更加高效的属性应用。

图 2-149

1．为对象添加已有图形样式

选择"窗口"→"图形样式"命令，即可调用"图形样式"面板。通过单击该面板左下角的"图形样式库菜单"按钮 ，可以根据设计需要调用多种已经设置好的图形样式，如图 2-149～图 2-151 所示，通过单击库中的样式，可以直接添加到现有样式面板中，以方便设计使用。

根据设计需要在画板中绘制对象，如椭圆形。然后保持对象的选中状态，单击样式面板中适合的样式，即可为该椭圆添加已有图形样式，如图 2-152 所示。应用了图形样式的对象也可以被扩展，如图 2-153 所示。

2．自定义图形样式

在画板中绘制一个简单几何形状，如五角星。利用随堂练习 2-4 的外观，并在此基础上选择"增加效果"→"风格化"命令添加圆角和投影效果，数值根据预览效果来确定，如图 2-154 所示。直接将"外观"面板左上角的缩略图拖入图形样式面板中，即可添加新的图形样式，双击则可为该样式编辑名字，如图 2-155 所示。新建样式后，可以为各个对象添加这种图形样式，如图 2-156 所示。

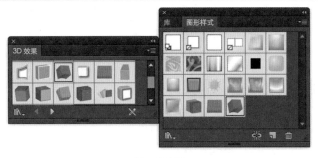

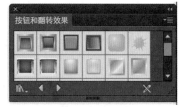

图　2-150　　　　　　　　　　　　　図　2-151

图　2-152　　　　　　　　　　　　图　2-153

图　2-154　　　　　　　　　图　2-155

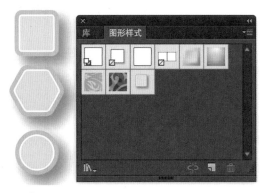

图　2-156

3．更新图形样式

在设计中可能会出现对先前样式不满意的情况,这时可以再次对已有样式进行编辑。选中该样式,在外观面板中对其属性,如填色做修改,然后在面板右上角单击按钮，即可对该图形样式进行重新定义，如图 2-157 所示。而以此为基础进行应用的所有对象也会随之改变，如图 2-158 所示。若不希望某个对象随着图形样式的更新而改变，则可以在更新前选中它，然后在图形样式面板中单击 ⛛ 按钮断开链接即可。

图 2-157

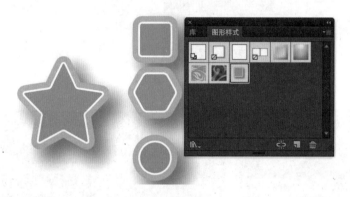

图 2-158

三、巧用符号工具

在设计过程中可能会遇到需要绘制大量重复图形的情况，这时通过使用符号工具，即可快速生成大量相同的对象。并且可以通过更新"符号实例"而高效更新多个相同的应用了该符号的对象。在左侧工具栏中有 🔳 符号工具组，它必须配合"符号"面板来使用，如图 2-159 所示。

1. 使用已有的符号

选择"窗口"→"符号"命令，弹出"符号"面板，在该面板中选择一个符号。使用工具栏中的"符号喷枪"工具在画板上单击一次，则出现该符号元素；若长按鼠标拖动，则会随机分布多个符号元素，如图 2-160 所示。在该面板底部，从左至右依次是符号库菜单、置入符号实例、断开符号链接、符号选项、新建符号、删除图标。通过符号库菜单，可以选择多种多样的现有符号，如图 2-161 所示。若想对符号实例进行编辑，需要断开它与

图 2-159

符号面板的链接,如图 2-162 所示,之后可以通过取消编组、释放复合路径等操作对其进行常规编辑。

2．编辑已有的符号

AI 支持用户对已有的符号进行更新编辑。需要注意的是,一旦编辑,原来的符号将被替换,因此建议在编辑已有符号之前,先将要编辑的符号拖动至符号面板底部的"新建"按钮上复制一个,为设计留有余地。图 2-163 所示为即将编辑的丝带复制副本。将该符号置入画板中,并双击该符号,如图 2-164 所示,出现提示对话框,单击"确定"按钮。进入符号编辑模式后,符号实例变得与正常对象一样可常规编辑,如改变填色、描边等基本属性,如图 2-165 所示,将该符号的线条进行粗细和颜色的变化。在编辑完成后,单击页面左上角箭头"退出符号编辑模式"。

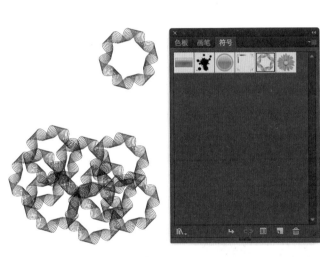

图 2-160

图 2-161

图 2-162

图 2-163

图 2-164

图 2-165

3. 新建自定义符号

【随堂练习2-5】使用自定义符号制作图案

利用宽度工具可以设计出不同形状的叶片或花瓣样式，如图 2-166 所示。经过扩展外观，根据设计需要微调锚点，可以得到所需的单个叶片形态，在此基础上使用旋转功能，重复上一步的操作（快捷键 Ctrl+D），可以得到如图 2-167 所示图形。选中其中一组花瓣，在符号面板中单击"新建"按钮，如图 2-168 所示。在弹出的符号选项中输入新建符号的名称，其他保持默认设置不变，单击"确定"按钮即可，如图 2-169 所示。

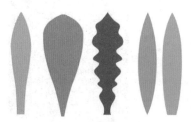

图 2-166

图 2-167

使用自定义符号制作图案

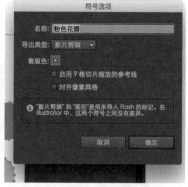

图 2-168

图 2-169

🐾【操作技巧】

下面介绍符号工具组。

在符号工具组中，符号喷枪工具可以用来创建符号实例，其他相关工具则是用来编辑符号实例的。利用符号位移工具在符号组上单击、拖动,可以进行喷涂图案位置移动和微调。利用符号紧缩器工具可以聚拢符号,使用 Alt 键则可以使符号分散。利用符号缩放器工具单击可放大符号,按 Alt 键则缩小符号。利用符号旋转器工具在符号上单击拖曳可看到尖头出现,尖头方向即是符号转动方向。利用符号着色器工具先在色板中设置一种填充色,然后使用该工具在符号实例上拖动,连续单击可以加深颜色,按 Alt 键则可还原本来的颜色,如图 2-170 所示。符号滤色器工具可以使符号拥有若隐若现的半透明效果,如图 2-171 所示。

图　2-170　　　　　　　　　　　　图　2-171

　　符号样式器工具的使用要配合图形样式面板。首先保持画板中的符号组被选中状态,使用该工具在图形样式面板中选择一种适合的样式,然后在符号组上进行拖动,会发现该符号元素不同程度地呈现出这种选中的图形样式,如图 2-172 所示。

　　因此,巧妙利用符号工具组可以创作出具有丰富变化的符号图案,如图 2-173所示。

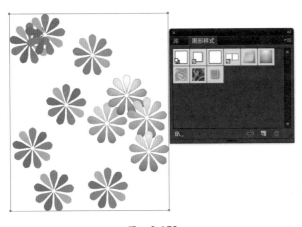

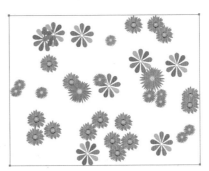

图　2-172　　　　　　　　　　　　图　2-173

第三章　细致流畅的线条编辑

在 Illustrator 的绘图工具组中,除了已经介绍的矩形工具组外,还有钢笔工具组、直线工具组、文字工具组、画笔工具组、铅笔工具组和橡皮工具组。根据学习需要,本章将会着重介绍钢笔工具组、画笔工具组。也会结合各知识点的具体情况,穿插介绍直线工具组,铅笔工具组、橡皮工具组的相关内容。

通过认识路径,使用钢笔工具,能够根据设计需要精确绘制图形和形状;通过画笔工具,则可以绘制出种类繁多的图形和线条。

第一节　熟练操作钢笔工具

一、矢量图形的绘制原理

在 Illustrator 中,利用工具栏的绘图工具组绘制的所有图形都是矢量图形(矢量图是以几何特性来绘制图形,用线段和曲线描述图像,放大后不会失真;位图又称为点阵图像,由一格一格像素来描述图像,放大若干倍会模糊)。通过矩形工具组、直线工具组,可以绘制形状较为简单的图形;而使用钢笔工具、画笔工具、铅笔工具则可以绘制出更为自由和复杂的线条和形状。

1. 认识路径

在 Illustrator 中,工具栏中的路径形状工具分为封闭路径形状工具和开放路径形状工具。在第二章中介绍到的矩形工具组就属于封闭路径形状工具,利用其中的某种形状工具绘制的图形,至少包含填色、描边两种基本属性。直线工具组中的直线段工具、弧形工具、螺旋线工具属于开放路径形状工具,如图 3-1 所示,可以创建封闭路径和开放路径。与基本绘图工具创建的简单线条和几何形状不同的是,使用钢笔工具、铅笔工具等,既可以创建开放路径,也可以创建封闭路径,而且可以更加自由地绘制各种各样复杂的图形,如图 3-2 所示。

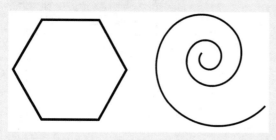

图　3-1

图　3-2

2．认识锚点

在路径的绘制中,控制其形状的是锚点。锚点分为平滑点和角点,平滑点组成平滑的曲线,如图 3-3 所示;而角点组成转角曲线和直线,如图 3-4 所示。

使用钢笔绘制的路径锚点,有一到两根方向线,其端点被称为手柄。通过调整锚点的手柄,调整方向线,从而对曲线的形状做出微调,如图 3-5 所示。

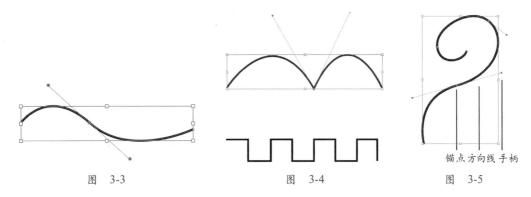

锚点方向线 手柄

图　3-3　　　　　　　　　图　3-4　　　　　　　　　图　3-5

二、使用钢笔工具绘制路径

1．钢笔工具和铅笔工具

(1)钢笔工具和铅笔工具的异同。在 Illustrator 中,无论使用哪种画笔工具,绘制出的图形都是由路径、锚点组成的矢量图形。利用铅笔工具先绘制路径,然后自动创建锚点;而在使用钢笔工具时一般需要先定义锚点,然后通过锚点连接形成路径。

(2)使用铅笔工具绘图。

① 绘制路径:在工具栏中选择█,按照设计思路在画板上按下左键并拖动鼠标,释放鼠标后,即可创建带有必要锚点的矢量图形。

② 编辑路径:双击铅笔工具,打开"铅笔工具选项"对话框,选中"编辑所选路径"复选框,即可以使用铅笔工具修改路径,如图 3-6所示。需要注意的是,若想在一个铅笔绘制的路径上继续绘制另一条,可以先不选中此项,否则系统会默认为将为前一条路径做修改,无法实现在一条铅笔线条上面叠加绘制另一条线。

③ 缝合路径:铅笔工具可以修补细小的缝隙,如将两条开放式路径连接起来。选中两条要连接的路径,使用铅笔单击选中其中一个

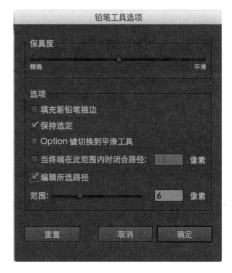

图　3-6

端点,拖曳到另一条路径的端点,即可将两条路径合并成一条,如图 3-7 所示。

④ 平滑工具和路径橡皮擦:在铅笔工具组中选择█,对选定的路径进行平滑处理。使用平滑工具可以增加路径锚点,从而使路径显得更加顺畅。双击该工具图标,

还可以对保真度、平滑度进行设置。在铅笔工具组中选择![铅笔],对需要擦除的范围进行绘制,如图 3-8 所示。

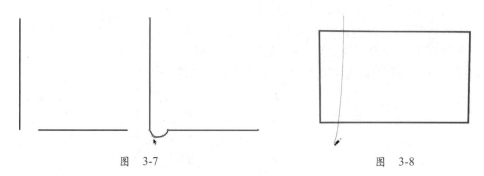

图　3-7　　　　　　　　　　　　　　　　图　3-8

2. 钢笔工具的使用方法

钢笔工具是 Illustrator 最重要的工具之一,利用它可以自由绘制出丰富而精确的图形。

（1）使用钢笔绘制直线。用钢笔工具在画板上创建一个锚点,根据设计需要进行下一端点的确定。按 Shift 键,可以绘制水平、垂直或 45°的直线。若要结束路径,则按 Ctrl 键再单击屏幕空白位置,这样有助于快速开始绘制下一条路径。需要注意的是,一般在绘制线条时,将图形的属性调整成填色![填色]或描边![描边],方便随时查看绘制效果。当绘制闭合路径时,当钢笔光标接近起始点时会变为![光标],单击可以闭合路径。

（2）使用钢笔绘制曲线。用钢笔工具创建一个锚点后,根据设计需要确定下一端点的位置并进行适当拖曳,如图 3-9 所示。通过拖曳可以调整曲线弧度,在确定第三个锚点时,通过朝向不同方向拖动,则可创建 C 形、S 形曲线。

（3）绘制曲直结合的线条。通过钢笔工具确定两点绘制直线,在单击第三点时进行拖动,则可在直线之后绘制曲线;绘制一条曲线后,把光标放到第二锚点上,出现![光标]样式,单击锚点,则可继续绘制直线,如图 3-10 所示。

图　3-9　　　　　　　　　　　　　　图　3-10

（4）快捷键的配合使用。在使用钢笔绘制线条时,按 Ctrl 键可以切换到直接选择工具,方便锚点和线条的位置调整,放开按键则又回到钢笔状态。按 Alt 键光标变为![光标],此时可以拖动锚点改变曲线方向、微调手柄,或通过单击方向点切换曲线和直线。

【随堂练习 3-1】使用钢笔工具绘制卡通形象

选择钢笔工具,在画板中单击并拖动鼠标创建平滑点,绘制一个闭合路径,填充肉粉色,描边为 0.1mm,如图 3-11 所示。按快捷键 Ctrl 并在空白处单击,取消选择。用钢笔工具和椭圆工具绘制小猪的

使用钢笔工具绘制卡通形象

鼻子、眼镜，如图 3-12 所示。

使用星形工具，选择"效果"→"风格化"→"圆角"命令设置镜片形状，如图 3-13 所示。使用铅笔工具绘制小猪的嘴，如图 3-14 所示。

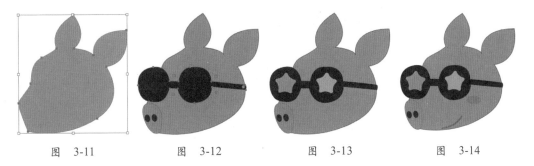

图　3-11　　　　　图　3-12　　　　　图　3-13　　　　　图　3-14

绘制小猪的服装、领巾，并设置适当的色彩和描边，注意每一个形状之间的叠加关系，如图 3-15 所示，也可通过快捷键 Ctrl+[、Ctrl+] 来调整形状的层次顺序。继续绘制四肢和花朵，如图 3-16 所示。

使用直接选择工具对个别锚点进行微调，最终效果如图 3-17 所示。

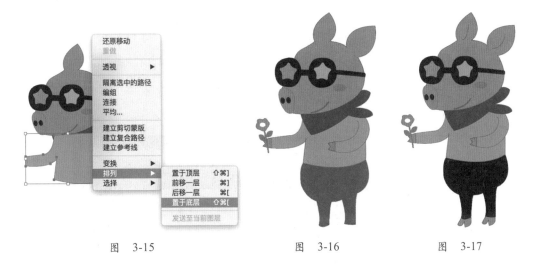

图　3-15　　　　　　　　　图　3-16　　　　　　图　3-17

第二节　巧妙使用画笔工具

画笔工具的作用类似于在 Photoshop 中对某条路径进行描边，而画笔的样式丰富，通过设置可以形成不同的视觉效果。最好配合手绘板使用该工具，会得到更加自由的设计效果。此外，通过设置不同画笔描边，并使用扩展外观命令将其转化为填充图形，又可以开辟新的设计思路。在 Illustrator 中，有"书法画笔""散点画笔""毛刷画笔""图案画笔""斑点画笔"等不同样式。在绘画过程中可以按 Caps Lock 键，使光标从画笔变为 X，从而更加准确地掌握线条位置。

选择"窗口"→"画笔"命令，调出画笔面板。如果想创建新的画笔，单击右上角的■图标，在弹出的快捷菜单中选择"新建画笔"命令，如图 3-18 所示，则可以在弹出对话框中进行选择。

图 3-18

一、运用书法画笔

书法画笔可以模拟实际的书法钢笔尖。为画笔设置名称、角度、圆度、大小和变量，就可以根据设计图稿进行创作，如图 3-19 所示。其中，画笔名称不能超过 31 个字符；角度的选择与将要设计的图稿息息相关，比如要在书法样式下模仿手写文字，则可以设置角度为 45°。对于圆度和直径，值越高则画笔越圆越大。若滑块从"固定"变为"随机"，则可开启变量数值。具体画笔形态还需亲自尝试和摸索。如果没有手绘板，通过设置直径变量就可以模仿手绘的效果。

图 3-19

如果对自己设置的画笔不满意，除了从网络上下载各种画笔库外，还可以对已有画笔进行复制和编辑。选中一个画笔进行复制（将笔刷拖曳到右下角新建笔刷上，即可复制），并双击新复制的画笔，对其各项参数进行微调，得到自己需要的标准，如图 3-20 所示。绘制一个基本形状，套用并编辑不同书法画笔样式，可以快速直观地看到不同视觉效果，以便为设计工作节约更多时间，如图 3-21 所示。

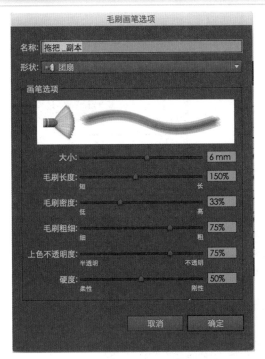

图 3-20

图 3-21

二、运用散点画笔

利用散点画笔通过对一个对象进行复制并设定大小、间距、旋转角度、分布规律等参数,使对象及其副本沿着预设的样式和路径分布。将基本形拖至画笔面板空白处,即可创建,如图 3-22 所示。新建散点画笔,并对其参数进行设置,如图 3-23 所示。

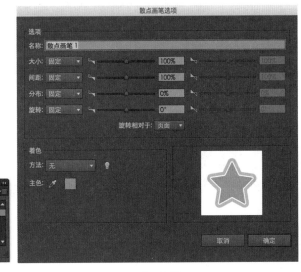

图 3-23

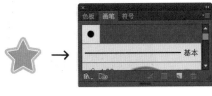

图 3-22

在画板上设计路径,并且选中新建画笔,即可得到以路径为轨迹分布的图案效果,如图 3-24 所示。对于同一个基本形画笔,复制后可以尝试不同的参数设置,会有不同的画笔效果,如图 3-25 所示。在散点画笔的参数面板中,也分为固定、随机两种模式。
选中预览,可以在调整参数时实时观看调整后的画面效果,如图 3-26 所示。

图　3-24　　　　　　　　　　　　　　　　　　图　3-25

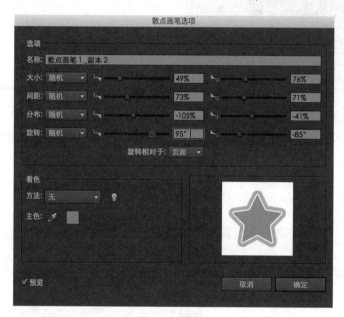

图　3-26

打开画笔库,选择"装饰"→"装饰_散布"命令,获取更多系统自带的散点画
笔样式,如图 3-27 和图 3-28 所示。

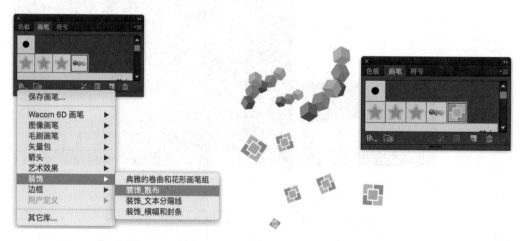

图　3-27　　　　　　　　　　　　　　　　　　图　3-28

三、运用毛刷画笔

使用毛刷画笔库,可以得到多种多样的模仿毛刷效果的描边,如图 3-29 所示,在画笔面板中选择画笔库菜单,选择"毛刷画笔"→"毛刷画笔库"命令,选择适合的笔触,即可为已有路径设置毛刷描边,如图 3-30 所示。

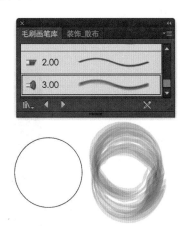

图　3-29　　　　　　　　　　　　　　　　图　3-30

可以通过复制已有毛刷样式,在参数面板进行修改得到新的毛刷画笔。在参数面板中,在形状上可以选择不同毛刷画笔路径外观,大小的调整范围为 1 ~ 10mm,毛刷长度是指从笔杆接触点到毛刷尖的长度,毛刷密度越低则画出的墨越浓,毛刷密度越高则墨越淡,对毛刷粗细、不透明度、硬度也可以进行相关设置。

四、运用图案画笔

图案画笔可以沿着路径重复拼贴对象。图案画笔最多包括 5 种拼贴,即图案的边线、内角、外角、起点、终点。在画笔库中(图 3-31)选择"边框"中不同的样式,可以对路径进行描边,如图 3-32 所示(从左到右依次使用新奇、几何、装饰样式进行描边)。AI 为用户提供了多种样式选择,可以根据设计需求进行编辑。

图　3-31　　　　　　　　　　　　　　　　图　3-32

而通过新建也可以创作属于自己的图案画笔。在"新建画笔"对话框中选择"图案画笔"，弹出"图案画笔选项"对话框，其中，"缩放"参数可以用于设置画笔的拼贴图案在路径中的缩放比例，"间距"参数可以用于调整拼贴图案之间的距离，"翻转"参数可以用于沿路径横向、纵向翻转图案，"适合"中的三个选项可以在实际操作中进行尝试。"着色"参数分为无、淡色、淡色与暗色、色相转换 4 种选择（单击着色提示 ，可以查看具体方法）。图 3-33 所示为使用星形创建图案画笔，而改变参数如图 3-34 所示，可以得到不同的描边效果，如图 3-35 所示。

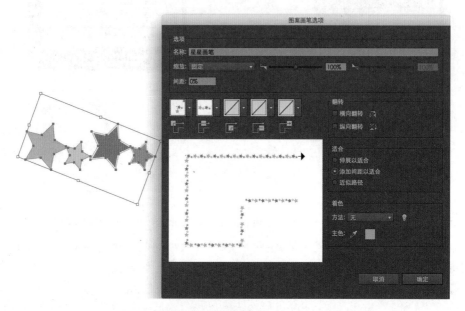

图　3-33

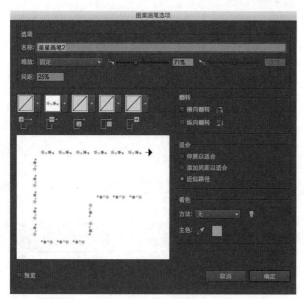

图　3-34

图　3-35

五、运用艺术画笔

利用艺术画笔可以沿着路径的长度进行均匀拉伸,形成逼真的绘画效果。单击右上角的 ▤ ,在弹出的菜单中选择"画笔库"→"矢量包"命令,选择一种矢量包打开,如图 3-36 所示。双击选中的画笔,即可添加到画笔面板中,若在画笔面板中双击该画笔,还可以进行个性化设置。

利用宽度工具绘制叶片,如图 3-37 所示。添加到艺术画笔中,如图 3-38 所示。利用新建的艺术画笔绘制曲线,可快速得到一丛植物的效果,如图 3-39 所示(分别使用弧线工具、画笔工具进行绘制)。

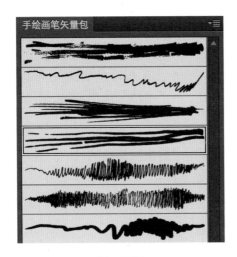

图　3-36

图　3-37

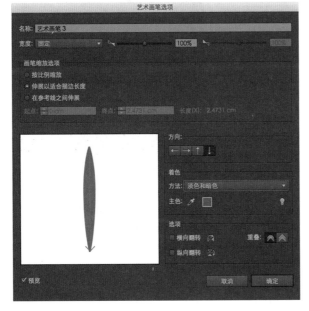

图　3-38

图　3-39

第三节　路径的编辑

使用钢笔、画笔、形状绘制完图形后，可以对现有路径进行多种编辑操作。在 Illustrator 中提供了一些编辑方法。

一、基础编辑

1．添加和删除锚点

在路径编辑中，最基础的操作方法就是添加与删除。使用钢笔工具可以直接在路径上添加一个锚点。如果该路径为直线，则会在其上添加角点；如果该路径为曲线，则会在其上添加平滑点。若使用钢笔工具在已有锚点上单击，则会起到删除该点的作用。

在绘图过程中，由于多次操作或意外操作（如钢笔画了一笔，又另外起形；删除某图形并未完全删除干净，留下局部锚点），会产生无用的单独锚点，即游离点。为了方便继续绘图，可以选择"对象"→"路径"→"清理"命令，将其删除。

2．擦除路径

选择"路径橡皮擦"在路径上涂抹，即可起到擦除路径的目的。若想更加精确地删除某部分，可以先选定某段路径，再进行擦除。

使用"橡皮擦"在图形上涂抹即可擦除对象。按 Shift 键可以在水平、垂直、对角线方向擦除，按 Alt 键可以绘制矩形区域并擦除该范围的图形。

3．简化路径

在实时描摹图形后，根据被描摹图形的复杂程度，或多或少会出现锚点数量过多的情况，给后续编辑和设计带来不便。选择"对象"→"路径"→"简化"命令，在弹出的"简化"对话框中调整曲线精确度的参数，可以实现对锚点的简化。选中"显示原路径"复选框，可对比观察图形路径的变化幅度，如图 3-40 所示。

图　3-40

二、分割对象

1．切割路径

选择一个图形，如图 3-41 所示。并选择"对象"→"路径"→"分割下方对象"命令，可以用此图形对下方图形进行切割，如图 3-42 所示。这种方法比刻刀工具更容易控制形状。

2．裁剪路径

选中要裁剪的路径，如图 3-43 所示，用剪刀工具对于想断开的锚点进行单击。注意不能单击路径开始的端点，而是针对路径的段和锚点进行裁剪。最终得到如图 3-44 所示的图形。

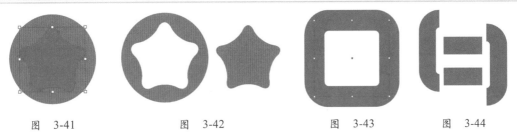

图 3-41   图 3-42   图 3-43   图 3-44

3．分割网格

选择"对象"→"路径"→"分割为网格"命令，打开"分割为网络"对话框，可以将图形分割为网格，如图 3-45 所示。可以根据设计要求设置相关参数，如 3 行 3 列的网格。分割后的对象成为多个矩形的组合，可以作为网格使用，也可以打散，为后续设计做准备，如图 3-46 所示。

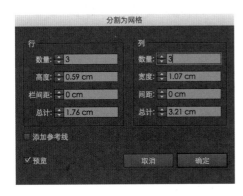

图 3-45

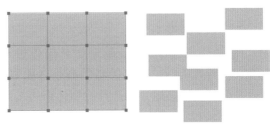

图 3-46

三、排列和转换

1．平均分布

使用直接选择工具选中多个锚点，选择"对象"→"路径"→"平均"命令，在弹出的"平均"对话框中提供了三种排列方式：①水平，选中的锚点会沿着同一水平轴均匀分布；②垂直，选中的锚点会沿着同一垂直轴均匀分布；③两者兼有，选中的锚点会集中于一点之上。如图 3-47 所示，从左至右依次使用的是初始状态、水平、垂直、两者兼有的排列方式。

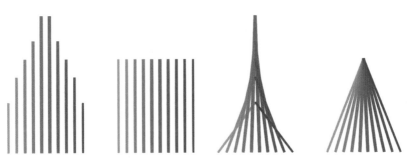

图 3-47

2．路径偏移

选中一条路径，选择"对象"→"路径"→"偏移路径"命令，可在原路径基础上偏移出一条新的路径。在弹出的"偏移路径"对话框中不仅可以设置位移的距离，还可以设置不同的连接方式，如图 3-48 所示。三种不同连接（斜接、圆角、斜角）效果从左至右依次如图 3-49 所示。这一命令适合于创建同一中心的相同形状，或保持固定间距的多个对象。

图　3-48

图　3-49

3．转为图形

在设计过程中，会出现需要对描边进行再次编辑的情况，这时可以选择"对象"→"路径"→"偏移路径"命令。如图 3-50 所示，从左至右分别为选择轮廓化描边之前（圆形描边）和选择轮廓化描边之后（变为圆环）。对边框可以继续编辑。

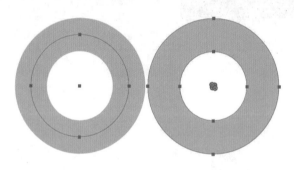

图　3-50

第四章　丰富多彩的颜色与形状

本章将会从色彩知识、颜色填充、网格工具、混合与封套工具几个角度对Illustrator 中的色彩编辑进行介绍。其中,图形填充是指对图形内部和边框进行单色、渐变、图案等不同的填充;使用网格工具建立网格线条,对网格点、网格片面着色,则可以形成较为逼真的立体艺术效果;使用混合工具可以创造具有连续性的色彩、形态变化;使用封套工具则可以使图形更加自然地融入设计师设定的形状之中。

第一节　Illustrator 中的色彩知识

下面介绍数字图形中的颜色模型。

在设计师的工作中,对数字图稿应用颜色是一项必备技能。因此对于颜色模型相关知识进行了解,也是学习的必修内容。通过使用 Illustrator 中的"面板""颜色参考""编辑颜色""重新着色图稿",可以高效率地编辑图稿色彩。

用户在软件中编辑图形颜色时需要注意,由于每台计算机有着自己独特的色彩空间,因此它们只能根据数值来重现自己色域内的颜色,这也就是为什么设计图传输到打印店计算机上会发生"偏色",而打印出的图稿又和计算机上显示的有所不同的原因。由于打印机在 CMYK 色彩空间内运行,而显示器则是在 RGB 色彩空间运行,色域各不相同,因此显示器上显示的某些颜色无法用油墨打印重现。尽管"偏色"的情况经常发生,用户还是可以通过颜色管理保证大部分色彩在显示中和输出后基本相似,从而达到保护画面整体效果的目的。

1．RGB 模型

RGB（红、绿、蓝）三种颜色的混合称为色光混合。绝大多数可视光谱都可以用 RGB 在不同比例和强度上体现出来。因此这三种颜色又被称为色光三原色,如图 4-1 所示,三色分别混合后形成青色、洋红色、黄色。若将三色完全混合,即代表所有光线反射回眼睛,则产生白色。由于这种色彩模式增加的颜色越多越明亮,因此又称为加色混合,主要用于计算机显示屏、电视、照明。

在 Illustrator 中,可以选择 RGB 模式进行色彩编辑。在这种模式中,计算机假设 RGB 成分都可以使用

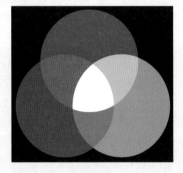

图　4-1

0 ~ 255 的整数值进行定义。其中 0 代表黑色,255 代表白色。当 3 种成分都为 255 时,产生白色;当 3 种成分都为 0 时,产生黑色;当 3 种成分为 0 ~ 255 且比例相等时,产生不同明度的灰色,如图 4-2 所示。Illustrator 中还提供 RGB 的 Web 安全色模式,这一模式仅包含适合在 Web 上使用的颜色,如图 4-3 所示。

图 4-2   图 4-3

2. CMYK 模型

与 RGB 的色光混合不同，CMYK 模型并非源自光线混合，而是基于纸张上打印的油墨的吸光特性，即当白色光线（包含全部色相的色光）照射到某种油墨上，将吸收一部分光，而没有被吸收的色光则反射回眼睛，被我们看到（类比光合作用，因为叶片吸收了红、黄等色光，所以反射出绿色）。因此 CMYK 模式又被称为色料混合。其中 CMY（纯青色、洋红色、黄色）混合形成黑色，因此又称为减色混合。在 CMY 中增加 K（黑色）是为了在油墨打印中实现更好的阴影密度。CMYK 颜色模式主要用于印刷成品，这就是人们常说的四色印刷，如图 4-4 所示。

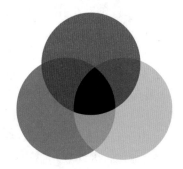

图 4-4

若设计的作品需要打印输出，可以使用 CMYK 颜色模式编辑色彩以在显示屏上更逼真地模拟打印出的最终效果。每种 CMYK 四色油墨可使用 0 ～ 100% 的整数值。为亮色指定的百分比较低，为暗色指定的百分比较高，如图 4-5 所示，较亮的蓝色由 C（83%）、M（57%）、Y（0）、K（0）构成。需要注意的是，在拾色器右上方出现的"！"（溢色警告）提示，说明目前选择的颜色超出了 CMYK 模型的定义范围，打印时可能出现偏色，因此需要进行一些色彩微调，以便最大限度地保证设计作品输出后不会失真。

3. 其他模型

除了在设计中常用的 RGB 和 CMYK 色彩模型外，Illustrator 还为用户提供了以下几种色彩模型。

（1）HSB 模型。以人类对色彩的感觉为基础，描述色彩的三属性。色相 H 在 0 ～ 360°的标准色轮上，按照位置度量色相。饱和度（纯度）S 表示色相中灰色分量所占的比例，使用 0 ～ 100% 的整数值代表从白到黑的全部灰色色阶。亮度（明度）B 使用 0 ～ 100% 的整数值代表从白到黑的全部明度色阶，如图 4-6 所示。

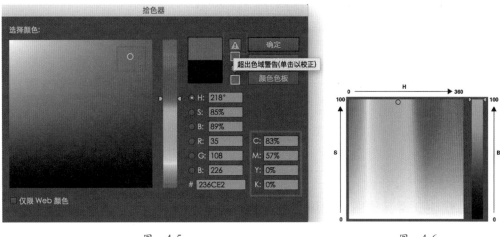

图　4-5　　　　　　　　　　　　　　　　　　　　图　4-6

（2）Lab 模型。由专门制定各方面光线标准的组织国际照明委员会（Commission Internationale de l' Eclairage，CIE) 创建的模型之一。Lab 描述的是颜色的显示方式，而与设备的特定色料无关。因此色彩管理系统使用 Lab 作为色标，在 Illustrator 中，也使用 Lab 模型创建、显示和输出专色色板。

（3）灰度模型。使用黑色调表示物体的所有颜色层次，可以与 RGB、CMYK 进行转化。用于将彩色图稿转化为高质量的黑白图稿。

【知识延伸】

下面介绍什么是专色。

专色是指由印刷厂预先混合好或由油墨厂生产。对于印刷品的每一种专色，在印刷时都有专门的一个色板对应。当使用专色时颜色会表现得更准确。在同一设计页面中可能同时出现专色和印刷色两种输出方式。如企业徽标需要精确颜色，因此使用专色印刷；而内容图片则可以使用四色印刷保证色彩的丰富性。

第二节　图形填充表现画面层次

一、单色填充

在 Illustrator 中，双击填色和描边，弹出拾色器对话框，即可以编辑图形填充色或描边色。而单色填充是指为图形填充单一颜色且没有深浅变化。

1. 工具栏中的填色及描边组件的使用

选择要编辑的对象，单击"填色"或"描边"图标，则该对象会处于当前编辑状态，即可在"色板"面板、"渐变"面板、"描边"面板上设置相关内容。单击"默认填色和描边"按钮，颜色即恢复为默认设置；单击"互换填色和描边"按钮，即可互换两者内容；在此工具组最下方横排的三个按钮分别是"颜色""渐变""去色"，根据设计需要进行编辑，对象可形成填充纯色、填充渐变、不填充颜色或描边的不同效果，如图4-7所示。

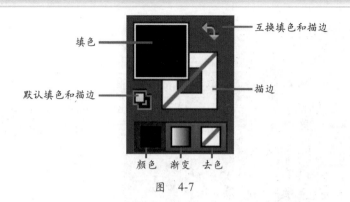

图　4-7

2．快速获得其他图形的填色和描边

选择一个对象，使用吸管工具在另一对象上单击，即可获得该对象的填色描边属性。若想为多个对象套用一个特定的填色描边属性，则可以使用吸管工具在特定对象上单击，按 Alt 键继续单击需要套用属性的各个对象，将拾取的属性应用到这些对象中。

3．使用"色板"面板

选择"窗口"→"色板"命令，弹出"色板"面板，如图 4-8 所示。面板下方从左向右横向排列的图标分别是"色板库菜单""打开颜色主题面板和库面板"（需正版软件联网使用）、"显示色板类型菜单""色板选项""新建颜色组""新建色板""删除色板"。

打开"色板库"菜单，显示所有可快速访问的色板库。选择其中一个色板名称，会弹出一个包含一组颜色的色板，如图 4-9 所示。这意味着根据不同设计需求，可以选择预置在软件中的色彩搭配作为配色依据或参考，从而提升设计速度。

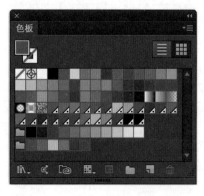

图　4-8

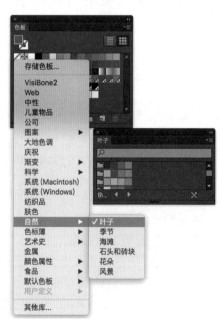

图　4-9

利用"显示色板类型菜单"可以快速选择或显示所有色板、颜色色板、渐变色板、图案色板或是颜色组。

使用"色板选项"可以对色板中选中的某色进行属性编辑,如图 4-10 所示。其中参数包括"色板名称"(只能在列表模式下查看名称)、"颜色类型"(可设置为印刷色或专色)、"全局色"(修改应用于整个文档)、"颜色模式"(允许将模式更改为RGB、Web 安全 RGB、CMYK、HSB、Lab、灰度)。

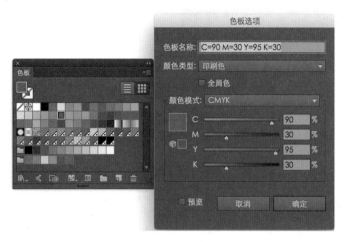

图 4-10

使用"新建颜色组"可以根据设计需要,创建新的颜色组,方便使用。

【随堂练习 4-1】创建画家颜色组

首先选择具有代表性的画家作品。如凡·高的《星空》《向日葵》,莫奈的《睡莲》或雷诺阿的《包厢》,以及安格尔的《泉》等。本练习以凡·高的《星空》为例,创建具有画家艺术特色的颜色组,方便后续设计的使用。

选择"窗口"→"色板"命令,打开"色板"面板,选择面板底部的"颜色组 1"。将《星空》素材图片拖入 Illustrator 中,并用吸管吸取上面具有代表性的主色调,如蓝色、深蓝色,如图 4-11 所示。

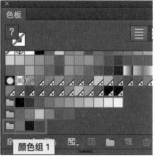

创建画家色彩组

图 4-11

每吸取一个颜色就从色板上的填色图标拖动该颜色至新建的"颜色组 1"即可,如图 4-12 所示。依次吸取适合的色彩,形成一组具有《星空》色彩特点的颜色组,如图 4-13 所示。

图　4-12　　　　　　　　　　图　4-13

双击该颜色组左侧的文件夹图标，还可以对此组色彩进行更细致的编辑处理，如图 4-14 所示，不仅可以修改已有色彩的色相、纯度、明度（HSB），还可以使用 ⚬ 在该对话框左侧的圆形色彩空间中拾取新的颜色加入这组颜色之中，使用 ⚬ 在该对话框左侧的圆形色彩空间中拾取已有颜色进行删除。

图　4-14

在色板面板的右上角小三角形收纳着色板菜单，其中包含着复制色板、合并色板、删除色板、排序色板等众多选项，可以根据需要进行逐一查看。此外，用户还可以通过色板面板选择一个或多个面板进行编辑、复制或删除。按 Ctrl 键则可以选择多个色板，进行批量处理。

4．使用颜色面板

选择"窗口"→"颜色"命令，打开"颜色"面板（打开"颜色"面板时一般默认也打开了渐变、颜色参考面板，可以通过拖动边框将几个面板分开，或单击左上角 × 进行关闭）。"颜色"面板有简化版和"显示选项"两种视图，单击右上角的 ▾▤

按钮,则可切换为"显示选项"视图,如图4-15所示,通过"颜色"面板底部的"色谱",可以拾取基本的颜色,也可通过基于不同色彩模型下的色彩模式(灰度、RGB、HSB、CMYK、Web 安全 RGB)进行更加精确的颜色控制,如图4-16所示。

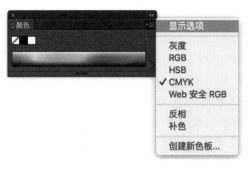

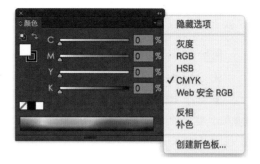

图　4-15　　　　　　　　　　　　　　　图　4-16

RGB 模式针对多媒体和 Web 页面图形,可以输入 RGB 值作为百分比或是 0 ~ 255 的整数值,双击面板空白处,更改即可生效。HSB 模式以颜色的色相、饱和度、亮度进行组合,属于 RGB 衍生色彩空间,适合于微调 RGB 色彩的饱和度和亮度。CMYK 模式是典型的打印印刷用色,能够确保在色域范围之内设计作品输出的精确性。Web 安全 RGB 模式,则是能够保证在任何 Web 浏览器上这 216 种颜色都能够被识别。

🦫【操作技巧】

下面说明如何按快捷键编辑颜色。

(1) 按 Shift 键拖动一个滑块,发现其他滑块也相应地改变位置,编辑的色彩会呈现出逐渐变化的效果,如图4-17所示。按 Shift 键向右拖动 R 滑块,G、B 滑块也相应移动,产生从深红色到皮粉色的色彩变化。

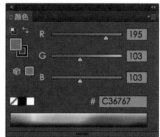

图　4-17

(2) 可以在右侧色彩通道文本框中输入数值,对色彩进行编辑。使用 Tab 键可以快速显示下一行文本,方便输入数值。使用快捷键 Shift + Tab 则可快速显示上一行文本,省去了移动鼠标的时间。

(3) 在文本框中使用加、减、乘、除操作。在文本框中输入百分比或 0 ~ 255 的整数数值时,可以在原本数值基础上输入 + 5、− 5、×3、÷2 等运算操作。双击面板空白处,即得到想要的数值。需要注意的是,RGB 模式中仅识别 0 ~ 255 的整数值,因此运算结果会被四舍五入。

（4）快速切换填充色和描边色。在拾取色彩时，可以通过 X 键来切换当前编辑的是填充色还是描边色，这样可以省去用单击切换的时间。

（5）快速切换基于不同颜色模型的颜色模式。在拾取颜色面板底部的色谱颜色时，按 Shift 键，则可以快速在灰度、RGB、HSB 、CMYK、Web 安全 RGB 五种模式下依次切换。

【知识延伸】

使用的颜色旁边出现溢色提示时的解决方法如下。

当基于 RGB 模式进行设计时，常常会遇到使用的色彩出现溢色提示的情况，如▲表示超出色域警告，◉表示超出 Web 颜色警告。这说明当前颜色对于色彩空间而言超出了定义范围。也就是说，选择的颜色不在色彩空间可用于显示或打印的色彩范围之内。这一问题会导致打印输出的文件偏色，或是基于 Web、多媒体平台发布的颜色失真。解决方法如下。

（1）可以通过单击警告符号下的色块，让软件自动找到与当前颜色相近的、处于色域范围之内的颜色。

（2）直接将颜色面板中的色彩模式更改为 CMYK。

（3）若要将某一个或某几个对象的色彩空间更改为 CMYK，则需要选择"编辑"→"编辑颜色"→"转换为 CMYK"命令。

（4）更改整个文档的色彩空间，则需要选择"文件"→"文档颜色模式"→"CMYK 颜色 / RGB 颜色"命令。

如果在设计中并没有涉及输出打印或 Web/多媒体平台发布，则不需要专门修改溢出色域的颜色。

二、渐变填充

在 Illustrator 中可以创建丰富的渐变填充：线性渐变中的端到端；径向渐变从中心到周围。渐变支持自定义颜色、印刷色、纯黑白色。选择"窗口"→"渐变"命令，即可打开渐变面板。

1. 快速使用预设渐变

选择"窗口"→"色板"命令，调用"色板"面板，保证工具栏中的填色或描边图标▣是可编辑的状态，从色板中的 4 个默认渐变中选择黄色到橙色的线性渐变进行应用，如图 4-18 所示。

需要注意的是，随着软件版本的升高，描边也不再是单一填充色，可以使用渐变获得更加丰富的视觉效果，如图 4-19 所示，分别为填色和描边应用渐变颜色。此外，通过单击色板面板▦上的"色板库"菜单，还可以获得更多渐变的样式，如水果和蔬菜、玉石和珠宝、金属渐变色等。

2. 渐变面板

选择"窗口"→"渐变"命令，弹出"渐变"面板。通过"渐变"面板顶部的类型列表可以选择"径向渐变""线性渐变"两种不同类型，如图 4-20 所示。其中，"径向渐变"是从一个对象中心位置径向向外变化颜色，"线性渐变"则是以一个固定方向变化颜色。图 4-21 所示为径向渐变、线性渐变。

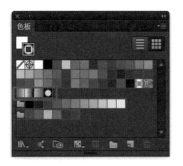

图　4-18

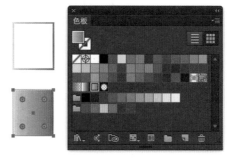

图　4-19

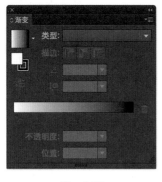

图　4-20

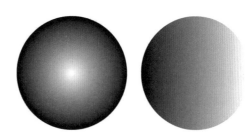

图　4-21

　　"渐变"面板上有与其他面板相类似的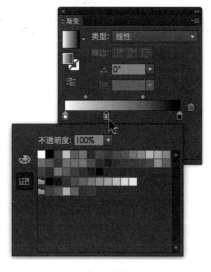图标,用来显示 / 隐藏选项。在默认状态下,"渐变"面板中的颜色是黑白色,且是从左向右移动的颜色。可以双击滑块进行进一步编辑,如图 4-22 所示,对于色彩、透明度进行深入编辑。色彩为我们提供了颜色 、色板 两种编辑模式;不透明度数值为 0 ~ 100,数值越大越不透明。色带上方的 体现着两个渐变颜色之间的中点。选定它之后,可以通过滑动或在下方的文本框中输入不同百分比来更改位置,如图 4-23 所示。

图　4-22

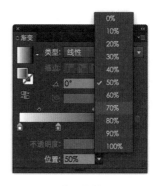

图　4-23

渐变默认角度为 0°，通过修改角度  可以实现多样的渐变效果，该角度区间为 − 180°～180°。用户不仅可以为图形设置渐变，也可以为描边应用渐变，这时会发现角度选框上方的描边样式 高亮显示，这三种描边样式分别是在描边中应用渐变、沿描边应用渐变、跨描边应用渐变，效果如图 4-24 所示。

3. 渐变工具

渐变工具 作为渐变面板的助手，可以帮助用户在形成渐变后进行个性化调整。它的渐变色带比起渐变面板修改起来显得更加直观生动，如图 4-25 所示。

图 4-24　　　　　　　　　　　　　　　　　　　图 4-25

【随堂练习 4-2】绘制具有三维效果的球体

选中椭圆工具，按 Shift 键拖动鼠标，新建一个正圆形并保持选中状态。选择"窗口"→"渐变"命令或双击工具栏中的渐变图标，打开"渐变"面板。选择径向渐变，圆形如图 4-26 所示。使用渐变工具在对象上拖动，确定渐变的起始位置，并对颜色滑块进行微调（可以增加滑块数量，颜色过渡从而更符合实际球体），实现三维球体的效果。如图 4-27 和图 4-28 所示，通过调整得到两个具有不同渐变的三维球体，最终效果如图 4-29 所示。

绘制具有三维效果的球体

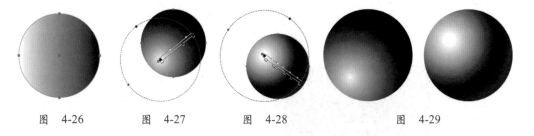

图 4-26　　　　图 4-27　　　　图 4-28　　　　图 4-29

【知识延伸】

下面介绍一下扩展渐变对象。

在 Illustrator 中对渐变对象通过扩展后，可以实现更多的编辑可能。扩展是指将渐变、描边、符号、效果等，从不容易编辑的形式扩展为更方便编辑的路径。

选中需要扩展的渐变色图形，选择"对象"→"扩展"命令，弹出"扩展"对话框，如图 4-30 所示。需要注意的是，一般扩展渐变的"指定数量"不宜过多，否则会为运行增加负担。最大数值为 255，可以根据设计需要进行减小，图 4-31 所示分别是填入 100、80、5 数值后的扩展效果。在这里的"指定数量"也可理解为步数或个数，数值越小则越不平滑。在后续学习混合工具中，会对步数有进一步的认识。

图　4-30

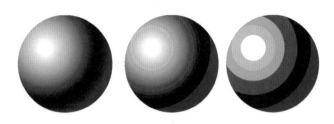

图　4-31

　　将渐变色图形进行扩展后,可以对每一个扩展对象进行重新编辑,如图 4-32 和图 4-33 所示,右击并在弹出的快捷菜单中选择相应的命令,先取消编组再释放剪切蒙版。相当于把组合在一起工作的图形打散,这时便可以对每一个对象进行移动、修改等编辑操作。

图　4-32

图　4-33

【随堂练习 4-3】设计手机效果图

　　按快捷键 Ctrl+N 或选择"文件"→"新建"命令弹出"新建文档"对话框,将名称命名为"手机效果图",设宽度为 180mm,高度为 220mm,如图 4-34 所示。为手机绘制圆角矩形作为外壳形状,并填充深灰色,描边为"无",如图 4-35 所示。若对圆角半径不够满意,可以在设计区域上方的控制面板中单击"形状"按钮进行再次编辑,如图 4-36 所示。

　　选中该圆角矩形,按快捷键 Ctrl+C、Ctrl+F 原位复制粘贴,并缩小对象高度,如图 4-37 所示。保持圆角矩形选中状态,打开渐变面板,将类型设置为"线性"并使用■进行渐变角度的拖曳。需要注意的是,按 Shift 键拖曳可以得到竖直或水平的效果,如图 4-38 所示。根据设计需要对渐变的滑块进行微调,调整为从深灰到浅灰的渐变,如图 4-39 所示。

　　按 Alt 键从中心开始创建一个新的圆角矩形,然后进行微调位置,深灰色圆角矩形和新创建的黑色圆角矩形底边实现对齐,如图 4-40 所示。单击直线段工具,在相应位置绘制,并原位复制粘贴黑色的圆角矩形。选中直线段和新复制的圆角矩形,选择

"窗口"→"路径查找器"命令，在"路径查找器"面板中单击分割按钮，如图 4-41
所示。

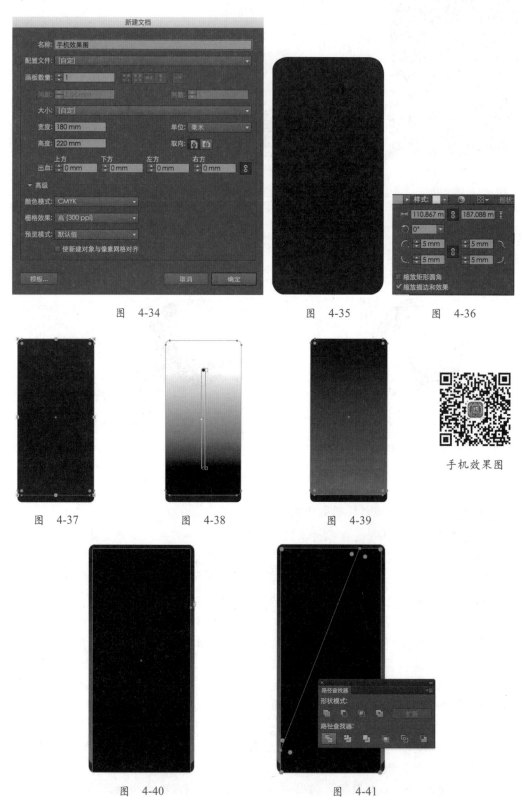

图　4-34　　　　　　图　4-35　　　　图　4-36

图　4-37　　　　图　4-38　　　　图　4-39

手机效果图

图　4-40　　　　图　4-41

右击并在弹出的快捷菜单中选择"取消编组"命令,只选中左半部分的图形,并设置渐变颜色。图4-42和图4-43用于设置渐变滑块的颜色、位置和线性渐变的方向。

为所有绘制好的元素编组,防止移动错位,如图4-44所示。最后再为手机绘制一些细节。图4-45所示绘制了一个小的圆角矩形。

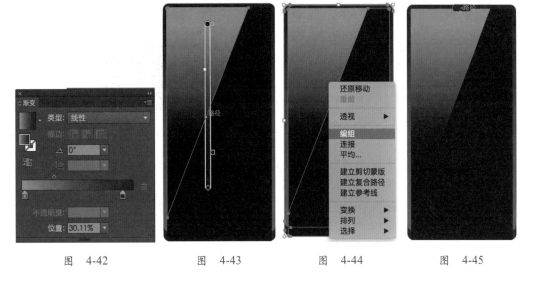

图 4-42   图 4-43   图 4-44   图 4-45

在细节元素与手机主体对齐时,需要用到控制面板上的"对齐"按钮,如图4-46所示。本例中用到的是垂直居中对齐▪、顶端对齐▫。最终效果如图4-47所示。

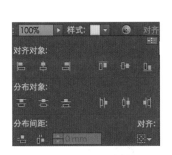

图 4-46   图 4-47

三、图案填充

使用图案不仅可以为对象进行五彩斑斓的填充,也可以为描边创建美轮美奂的艺术效果。比起单色填充,图案的设定也更加具有特色。在 Illustrator 中,图案可以有背景色,也可以是透明的。透明图案可以重叠其他对象,也包括用图案填充的对象。

1. 使用预设图案

选择"窗口"→"色板"命令,打开"色板"面板,在色板库中用户可以看到一些软件所提供的预设图案,如图4-48所示。

通过单击选择，这些图案库就会被添加到色板之中。Illustrator 预设的图案库比较丰富且设计美观。图 4-49 所示是从图案库中选择六种不同图案。

图 4-48

图 4-49

如果在这些图案上使用各种变换功能，如移动、旋转、缩放、倾斜，每一种预设的填充图案还可以呈现出更加多变的效果。如图 4-50 所示，移动一个填充图案的矩形框，会发现该框中出现的图案与刚才的相比发生的变化，属于一个四方连续图案中的某一部分。

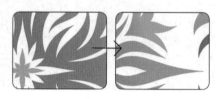

图 4-50

🖐【操作技巧】

保持图形缩放比例不变的方法如下。

在实际应用图案时，常常会出现图形缩放或移动后，图案数量或显示的范围发生变化的情况，如图 4-51 所示，缩放后图案产生变化。选中对象，右击并在弹出的快捷菜单中选择"缩放"命令，如图 4-52 所示，在弹出的"比例缩放"对话框中选中"变换图案"复选框即可以固定图案，不会出现放大缩小或移动被变化的情况，如图 4-53 所示。

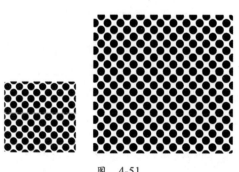

图 4-51

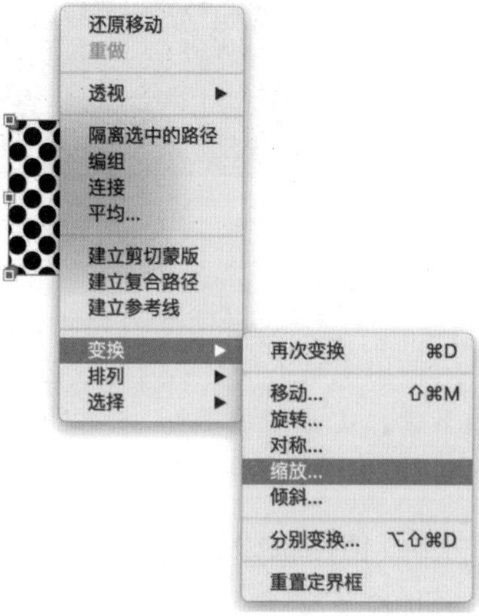

图 4-52

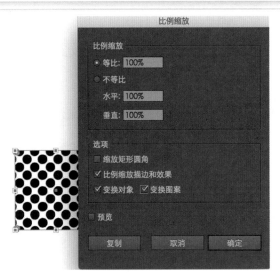

图　4-53

2．创建新图案

Illustrator 为用户提供了强大的自定义图案功能。可以通过编辑已有的图案或创造新的图案组件两种方式进行新图案的创建。

【随堂练习 4-4】基于预设图案创建新图案

选择"窗口"→"色板"命令，在色板上或色板库中寻找一个预设的图案（如选择"自然_叶子"中的"莲花方形颜色"）。并为某一形状应用该图案，如图 4-54 所示。选中该图形，选择"对象"→"扩展"命令，即可将图案转化为可编辑的路径对象，如图 4-55 所示。

基于预设图案创建新图案

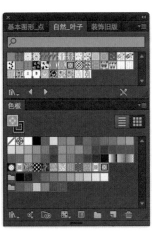

图　4-54

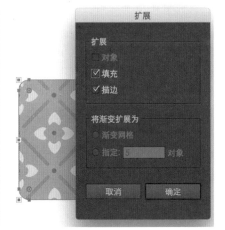

图　4-55

继续选中该图形，右击并在弹出的快捷菜单中选择"取消编组""释放剪切蒙版"命令，如图 4-56 和图 4-57 所示，得到一整幅可以被编辑的图案元素，如图 4-58 所示，可以将其中一块完整的图案样式移动出来进行编辑。

图　4-56　　　　　　　　　图　4-57　　　　　　　　　图　4-58

使用工具栏中的魔棒工具将同一色彩的元素选中，进行颜色编辑，如图 4-59 所示；使用直接选择工具对一些细节进行微调，最终效果如图 4-60 所示。将做好的图案小样直接拖曳至色板面板，即可创建新的图案，如图 4-61 所示。

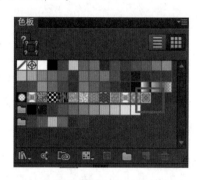

图　4-59　　　　　　　　　图　4-60　　　　　　　　　图　4-61

【操作技巧】

对新建图案进行"图案选项"编辑的方法如下。

在新建图案后，应用时会出现图案小样之间不连续或是排列方式不能满足设计要求等问题，因此可以使用"图案选项"进行进一步编辑，图案可以更加适合设计需要。在色板中找到新建的图案，双击进入"图案选项"编辑模式，如图 4-62 所示。在该面板中可以设定图案的名称；如图 4-63 所示，拼贴类型有网格、砖形（按行）、砖形（按列）、十六进制（按列）、十六进制（按行）共五种排列方式，对于单个无背景单独图案元素来说，这几种方式的不同效果更加明显；而对于已经设计成四方连续小样的本例来说，最重要的是选中"将拼贴调整为图稿大小"复选框，这样就可以无缝衔接四方连续图案。在编辑完成后关闭该面板，并在设计区域的左上角单击完成，即可完成对于新建图案的设定。设置好的图案可以应用于任何形状，如应用于圆形，如图 4-64 所示。

【知识延伸】

使用剪切蒙版的方法如下。

"剪切蒙版"是指对于两个图形之间的组合图形来说，其中上层的图形在这一组合中只显示自己的形状，而不显示描边、填充等属性（相当于透明的形状），而下层的图形不再有自己的形状，但保留其他所有属性。相当于将上层图形作为容器而下层为液体。与 Photoshop 中两个相邻图层之间的"灌入"（即一个图层作为液体，灌入另一图层的形状中）有着异曲同工之妙。

图　4-62

图　4-63

图　4-64

　　如图 4-65 所示，如想把一些彩色线条放入五角星形状之中。首先要将这些线条变成一个整体（快捷键为 Ctrl+G）。在此基础上，将五角星挪动到彩色线条组上的适合位置，将编组线条和五角星全部选中，右击并在弹出的快捷菜单中选择"建立剪切蒙版"命令，如图 4-66 所示。这时需要注意，得到的彩条五角星没有边框，也没有背景。因为此时的黄色五角星已经变成无形透明的，而且也不再具有描边和填充的可编辑性。所以建议在建立剪切蒙版之前，先在原位复制（快捷键为 Ctrl+C、Ctrl+F）一个五角星，这样在建立了剪切蒙版之后，还可以对复制出的形状进行编辑，如增加黑色描边，如图 4-67 所示。

图　4-65

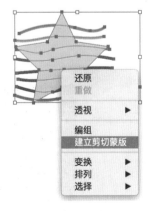

图　4-66

图　4-67

【随堂练习 4-5】创建自定义图案

　　首先，设计一个新的图案元素，以矩形、平行四边形组合成具有国际主义风格的正方体元素。然后绘制两个相同大小的矩形，将上面的矩形使用直接选择工具选中两端点并进行拖动，形成平行四边形，如图 4-68 所示。再横向复制一个矩形（快捷键为 Shift+Alt），用直接选择工具框选右侧边框，向上拖动至上方矩形的端点，如图 4-69 所示。调整到适合的颜色，如图 4-70 所示。

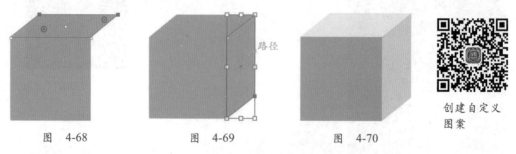

图 4-68　　　　　　　图 4-69　　　　　　　图 4-70

创建自定义
图案

拖动至色板面板，创建新的图案，并双击进入"图案选项"编辑模式，查看不同拼贴类型产生的不同图案效果，如图 4-71（采用十六进制）和图 4-72（采用砖形）所示；在"图案选项"对话框左上角还有　图案拼贴工具。另外，可以使用选择工具对高亮显示的图案母本进行大小、位置的微调，如图 4-73 所示。

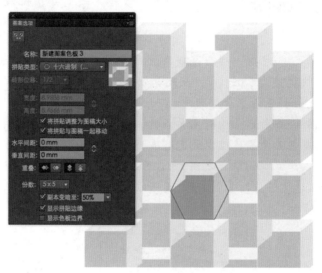

图 4-71

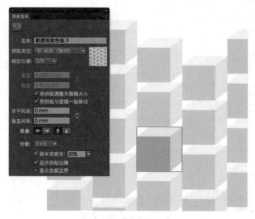

图 4-72

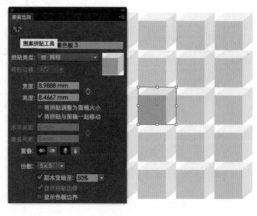

图 4-73

【知识延伸】

快速创建线条图案的方法如下。

在设计中有时会需要一些线条图案来进行画面装饰,如图 4-74 所示。

如果单纯采用线条不断重复、编组、创建文字形状的剪切蒙版,设计过程会变得复杂,这时用户可以采用快速创建线条图案的方法对文字形状进行填充。首先画一条线,以这条线为中线创建一个矩形,长度适中,宽度将是创建新图案后每条线的间隔,如图 4-75 所示。

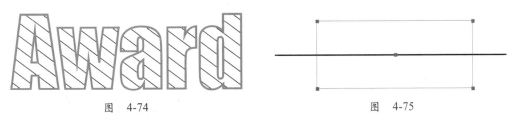

图　4-74　　　　　　　　　　　　　　　　　图　4-75

注意:该矩形是以图案界定框的形式出现,因此没有描边、填充属性,相当于完全透明(与剪切蒙版类似)。

选中直线和矩形,拖曳至色板中新建图案。双击新建的单线条图案,当进入"图案选项"模式后对线条的排列方式、间距等进行设置(可使用图案拼贴进行调整),如图 4-76 所示。 图案编辑完成后,即可对路径形状进行应用,如图 4-77 所示。

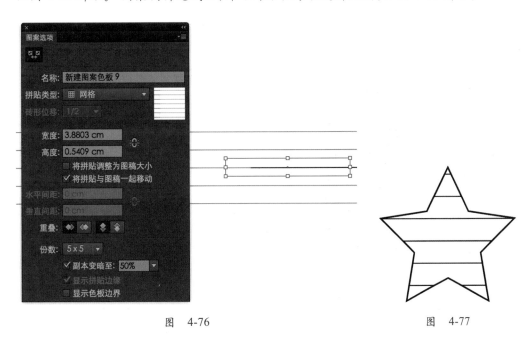

图　4-76　　　　　　　　　　　　　　　　图　4-77

若希望线条图案具有不同倾斜角度,可以在选中应用了图案的图形后,右击并在弹出的快捷菜单中选择"变换"→"旋转"命令,在弹出的"旋转"对话框中选中"变换图案"复选框,确保"变换对象"不被选中,如图 4-78 所示,这样就可以快速将线条图案填充到不同形状中。

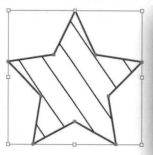

图 4-78

【操作技巧】

文字添加图案前应做以下准备。

用工具栏中的文本工具输入文字后，需要对文字进行轮廓化处理，才可以将图案放入，如图4-79所示，即可将文字变为可编辑的路径。需要注意的是，在创建轮廓前，最好复制一份文本形式的文字，以确保后续编辑过程中可以回到最初的形态进行修改。

图 4-79

四、实时上色

在 Illustrator 中有一个类似油漆桶的工具，可以为特定对象、特定区域进行上色。通过这一工具，用户可以轻松为矢量对象各部分实时上色，以便更好地满足设计需求。

图 4-80

1. 实时上色工具的基本设置

在工具栏中找到实时上色工具并双击，弹出"实时上色工具选项"对话框，如图4-80所示。选中"填充上色"复选框，可以将填充颜色或图案添加至特定区域填充，选中"描边上色"复选框则可以添加当前的描边颜色到单击区域的描边之上（默认选中"填充上色"复选框，取消选中"描边上色"复选框），选中"突出显示"复选框后，在选中对象上移动光标，会自动检测可以进行实时上色的区域（默认突出显示的颜色为红色，宽度为1mm）。

此外，对于实时上色的间隙也可以进行设置。选择"对象"→"实时上色"→"间隙选项"命令，在弹出的"间隙选项"对话框中，根据对话框下方的 (间隙说明) 可以进行设置，如图4-81所示。实时上色要求对象必须是闭合图形，因此默认的上色停止在小间隙（有一点小缝都无法上色），但是当把默认的间隙设置改为大间隙时，会发现有缺口的近似闭合路径也可以被填充，如图4-82所示。根据设计需要不但可以选择小、中、大三种间隙检测范围，还可以自定义间隙的值。

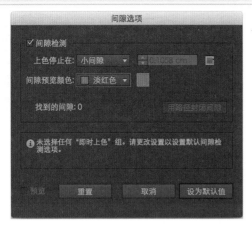

图　4-81

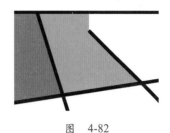

图　4-82

2．使用实时上色工具

使用实时上色工具之前，需要对想填充的对象进行编组，或是将它们全部选中后，再单击实时上色工具，如图 4-83 所示。当光标经过对象每块区域时都会有红色高亮显示，这说明实时上色组已经形成，可以进行各种不同颜色的填充了，如图 4-84 所示。

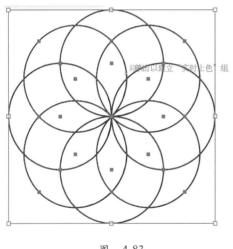

图　4-83

图　4-84

【随堂练习 4-6】使用实时上色工具创建万花筒

使用椭圆工具，按住 Shift 键不放拖曳鼠标，创建一个正圆形。在此基础上利用旋转工具 ，将旋转中心调整到圆形正下方的切点上，然后按 Alt 键开始旋转复制，如图 4-85 所示（红色三角指向本次旋转的中点）。为保证旋转角度，同时按 Shift 键，将角度控制在 45°。如果旋转相同角度，可以按快捷键 Ctrl+D 重复上一步的内容，如图 4-86 所示。

在此基础上复制所有对象，再次进行旋转，最终得到形状如图 4-87 所示。选中所有圆形并编组，在保证选中状态下，使用实时上色工具，为该形状内部的各种形状进行任意上色，如图 4-88 所示。

使用实时上色工具创建万花筒

75

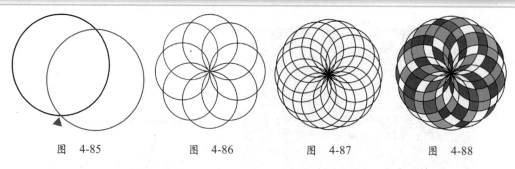

图 4-85　　　　　图 4-86　　　　　图 4-87　　　　　图 4-88

【知识延伸】

实时上色的技巧如下。

使用实时上色工具对某个对象进行不同区域的色彩填充，是非常方便的上色方法。但是它并没有真正将这个对象的每一部分分割开。使用直接选择工具还可以对某段弧度路径进行微调。在设计完成后如果不再做实时上色改动，则可以选择"对象"→"实时上色"→"扩展"命令，这样被上色的各区域就真正成为独立个体了。建议慎重使用该命令。

此外，如果想让已经建立了实时上色的对象回归到未建立实时上色之前的状态，则可以选择"对象"→"实时上色"→"释放"命令，可解除上色区域。

第三节　网格工具体现逼真效果

网格工具可以将一个填充路径更改为多种颜色融合的对象，甚至可以实现照片级逼真的视觉效果。利用网格填充可以灵活改变图形内各部分的颜色，在对象中建立网格形状，产生独特效果。

一、网格工具的基本概念

网格工具可以将普通的填充路径变为多种颜色融合的对象。先选中需要添加网格的对象，在工具栏中选择网格工具，并在该对象上进行单击，即可添加网格点，如图 4-89 所示。利用网格工具添加颜色，可以模仿立体三维效果或其他色彩融合效果，如图 4-90 所示。

图　4-89

立体三维效果　　　　　色彩融合效果

图　4-90

利用网格工具可以创建任何方向的平滑颜色过渡，可以指定网格的交叉点位置和行数、列数。

【随堂练习4-7】使用网格工具制作立体气球

使用钢笔工具绘制气球造型，并填充适当的色彩，如图4-91所示。选中成色气球，利用网格工具创建网格对象，通过添加锚点或交叉点来填充网格，如图4-92所示。

使用套索工具选择锚点，分别为三个气球建立网格并填充颜色，如图4-93所示。为每个气球添加高光，如图4-94所示。

使用网格工具制作立体气球

图　4-91　　　　　图　4-92　　　　　图　4-93　　　　　图　4-94

二、渐变网格

渐变网格是由网格点、网格线、网格面构成的多色填充对象。通过建立网格及填充锚点，可以实现各种颜色之间的平滑过渡，如图4-95所示。

选择网格工具，选中要建立网格的对象，使用光标在对象适当位置单击，即可建立渐变网格，在单击处形成网格线的交叉点，如图4-96所示。

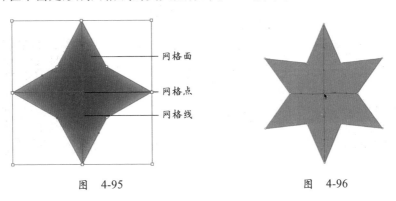

网格面

网格点

网格线

图　4-95　　　　　　　　　　　　　图　4-96

若要按照一定数量和排列创建网格，则可以选择要建立网格的图形，选择"对象"→"创建渐变网格"命令，在打开的"创建渐变网格"对话框中设置相应参数，如图4-97所示，其中"行数／列数"用来设置水平和垂直网格线的数量（范围为1～50）；"外观"用来设置高光的位置和创建方式，其中"平淡色"选项指不创建高光（图4-98），"至中心"选项用于在对象中心创建高光（图4-99），"至边缘"选项用于在对象边缘创建高光（图4-100）。

👆【操作技巧】

添加网格点与设置属性的方法如下。

为网格着色后，若使用网格工具继续在对象上单击，则可以形成新的网格点，颜色与上一个点相同；若按Shift键进行单击，则只会添加网格点，颜色为其原来的填充色。

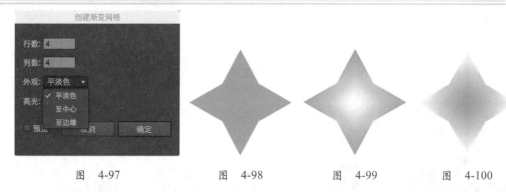

图 4-97　　　　　　图 4-98　　　　　　图 4-99　　　　　　图 4-100

网格点可以理解为能够被着色的锚点。它具有锚点所有的属性，且以菱形显示（普通锚点不能被着色，以正方形显示）。在添加网格点时，将会在该点上出现新增的交叉网格线，删除时也会删除以该网格点为交点的两条网格线。

【随堂练习4-8】使用渐变网格绘制光盘

使用矩形工具绘制一个长方形，并为它增加渐变效果，如图 4-101 所示。按快捷键 Ctrl+C 选择复制命令，再按快捷键 Ctrl+F 选择原位复制命令。选中上层的渐变色长方形，并选择"对象"→"创建渐变网格"命令，在弹出的对话框中设置"行数""列数"均为 4，单击"确定"按钮，效果如图 4-102 所示。

使用渐变网格
绘制光盘

图 4-101　　　　　　　　　　　　　图 4-102

使用套索工具在该网格对象上圈出要改变颜色的地方，进行不同深浅的灰色填充，如图 4-103 所示。选择"窗口"→"透明度"命令，并将该网格对象的混合模式从"正常"改为"柔光"，如图 4-104 所示，效果如图 4-105 所示。

在长方形上绘制合适大小的圆形。选中长方形和圆形，在控制面板上单击使用 █、█ 的对齐方式，使圆形和长方形垂直、水平居中对齐。在此基础上建立剪切蒙版，如图 4-106 所示，效果如图 4-107 所示。

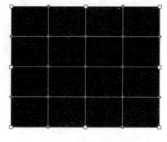

图 4-103

深化光盘细节，如图 4-108 所示，增加光盘中间的同心圆，用渐变的形式体现光泽效果。为光盘增加阴影，渐变设置如图 4-109 所示，最终效果如图 4-110 所示。

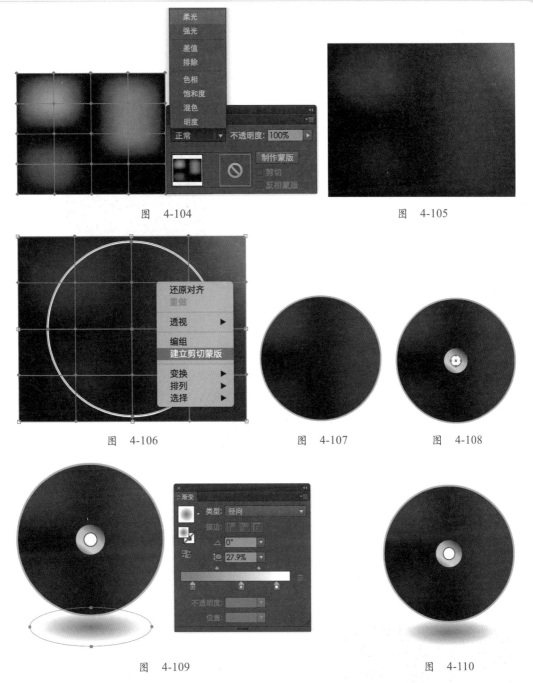

图　4-104

图　4-105

图　4-106

图　4-107

图　4-108

图　4-109

图　4-110

第四节　使用混合工具和封套工具

一、混合工具

Illustrator 中的混合工具能够用于在两个对象或多个对象之间产生一连串色彩、形状连续变化的对象。用于创建混合的对象可以是封闭的路径、开放的路径、群组对象、复合路径以及蒙版。混合适用在单色填充或渐变填充对象中,而图案填充只能用于外形的混合。

　　使用钢笔工具绘制弧线,如图 4-111 所示。复制并移动该线条至另一位置,并修改颜色,如图 4-112 所示。在工具栏中双击混合工具,在弹出的对话框中进行如图 4-113 所示的设置。

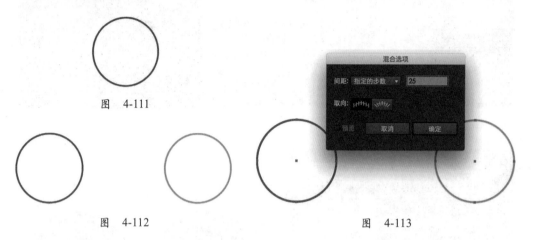

图　4-111

图　4-112

图　4-113

　　单击红色圆圈,再单击绿色圆圈,即可得到如图 4-114 所示的混合效果。

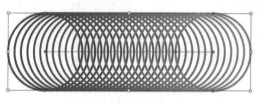

图　4-114

　　在混合选项中,有三种间距可以选择,如图 4-115 所示。在页面中绘制不同颜色的五角星和正方形,分别使用"平滑颜色""指定的步数""指定的距离"混合,得到如图 4-116 所示的效果。混合取向有对齐路径、对齐页面两种,如图 4-117 所示为对齐路径、对齐页面两种设置的对比效果。

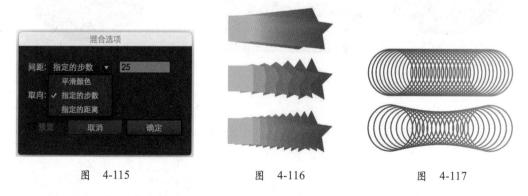

图　4-115

图　4-116

图　4-117

【随堂练习4-9】利用混合工具制作儿童游戏彩环

　　新建两个彩色圆环,设置"混合选项"对话框中选项,如图 4-118 所示。使用钢笔工具绘制一条路径,如图 4-119 所示。

图　4-118

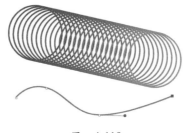

图　4-119

制作儿童游戏
彩环

选中该路径和已经混合好的对象,选择"对象"→"混合"→"替换混合轴"命令,如图 4-120 所示。以不同的路径进行混合对象替换,可以得到各种不同的形状,如图 4-121 所示。

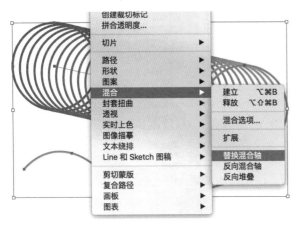

图　4-120

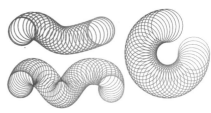

图　4-121

【随堂练习4-10】设计波普风格背景

根据需要新建页面(如 A4 大小),在上面新建矩形框辅助线,如图 4-122 所示,使用标尺辅助线标示出该矩形框的中点,并在此基础上在边框交点上绘制小的圆形,在中线交叉点上绘制稍大一些的圆形,如图 4-123 所示。双击混合工具,设置混合选项参数,其中,"间距"下拉框选择"指定的步数"选项并设为 13 步;其他选项保持默认值,如图 4-124 所示。

设计波普风格背景

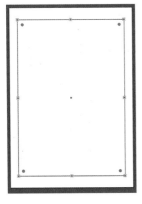

图　4-122

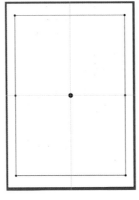

图　4-123

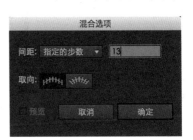

图　4-124

分别使矩形左上角、右上角和左下角、右下角的圆形按照步数混合，如图 4-125 所示。左中部的小圆点向中心的大圆混合时，使用 6 步的指定步数；从大圆向着右中部的小圆点混合时，也是指定的 6 步，这样就可以保证和上下已经按照 13 步混合的圆点有一个纵向的垂直关系，如图 4-126 所示。选中上、中、下三个混合对象，选择"对象"→"扩展"命令，把混合对象扩展为可编辑的图形，如图 4-127 所示。

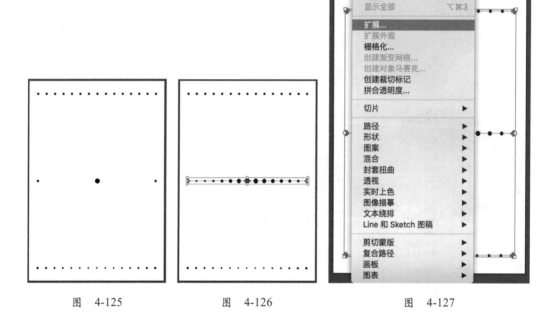

图 4-125　　　　　　　图 4-126　　　　　　　　图 4-127

扩展后，继续进行混合（保持混合选项参数为指定的步数，即 13 步）。先将上方的一排圆点和中间的混合，如图 4-128 所示，然后将中间的一排圆点与下方的混合，如图 4-129 所示。

根据设计需要可以通过跳色填充的方法，使背景的象征性更加明确，如图 4-130 所示。

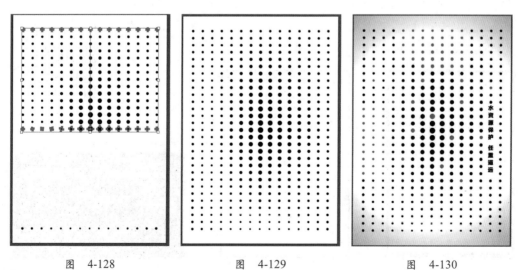

图 4-128　　　　　　　图 4-129　　　　　　　图 4-130

二、封套工具

Illustrator 中的封套工具具备一种较为灵活、可控性强的变形功能,它可以让对象根据封套形状产生相应变换。封套是指控制对象扭曲的图形,而被扭曲的图形被称为封套内容。

(1) 用变形建立封套扭曲。选中要进行变形的对象,选择"对象"→"封套扭曲"→"用变形建立"命令,打开"变形选项"对话框进行参数设置。在"样式"下拉列表中可选择多种封套样式,如图 4-131 所示。

(2) 用网格建立封套扭曲。选择对象,选择"对象"→"封套扭曲"→"用网格建立"命令,在对话框中可以设置网格的行数和列数。使用直接选择工具即可移动网格点,使对象改变,如图 4-132 所示。

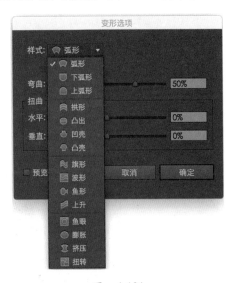

图　4-131

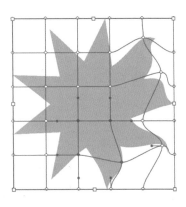

图　4-132

(3) 用顶层对象建立封套扭曲。将一个图形放置在封套对象上,全部选中,再选择"对象"→"封套扭曲"→"用顶层对象建立封套扭曲"命令,可以实现用上层图形的形状作为封套,扭曲下层对象的效果,如图 4-133 所示。

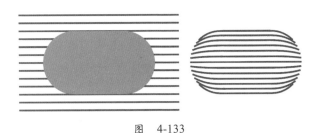

图　4-133

🖐【操作技巧】

封套选项参数设置方法如下。

封套选项参数决定了封套扭曲效果。只有在建立封套之后,控制面板偏左部分才会显示出"封套选项"按钮▦。

【随堂练习 4-11】 制作圆锥体

选择"文件"→"新建"命令，弹出"新建文档"对话框，绘制适合大小的正圆形，并以该圆形圆心为顶点绘制正方形。选中圆形和正方形，如图 4-134 所示，使用路径查找器功能交集按钮对图形进行裁剪，得到锥形，如图 4-135 所示。

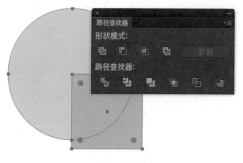

制作圆锥体

图 4-134 图 4-135

使用直接选择工具调整锥形的顶点，并创建一个由渐变灰色构成的矩形，如图 4-136 所示。选中锥形和矩形，选择"对象"→"封套扭曲"→"用顶层对象建立封套扭曲"命令，得到封套图形，单击控制面板上的"封套选项"按钮，查看默认选项设置，如图 4-137 所示，发现渐变颜色并未按照锥形封套填充。

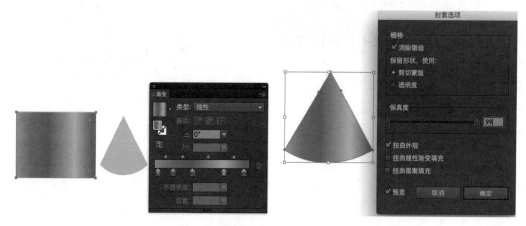

图 4-136 图 4-137

此时可选中"扭曲线性渐变填充"复选框，选中"预览"复选框，即可看到封套内渐变颜色也按照锥形形状进行填充，如图 4-138 所示。使用"椭圆形状"和渐变工具为圆锥体添加阴影，如图 4-139 所示。最终效果如图 4-140 所示。

若想为圆锥体中的渐变色进行微调，可以选中该封套图形，单击控制面板上的"编辑内容"按钮，即可对封套内容进行调整，如图 4-141 所示。

【知识延伸】

扭曲图案填充方法如下。

在封套对象中，如果填充有图案，在"封套选项"对话框中选中"扭曲图案填充"复选框，即可将填充图案跟随封套形状一起扭曲，实现设计效果，如图 4-142 所示，为矩形填充一种图案(本例填充图案为"色板库"→"图案"→"基本图形"→"纹理"→"鸟腿");在矩形上方绘制另一形状,如正三角形,图4-143所示。

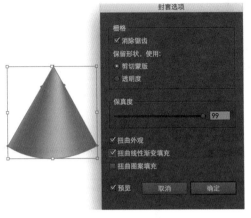

图　4-138

图　4-139

图　4-140

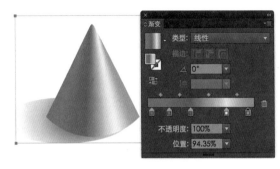

图　4-141

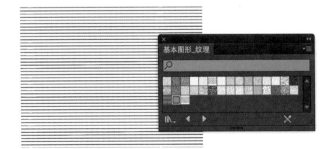

图　4-142

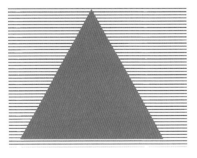

图　4-143

选中两个图形,选择"对象"→"封套扭曲"→"用顶层对象建立封套扭曲"命令,得到封套图形,如图4-144所示。单击控制面板上的"封套选项"按钮,在打开的对话框中选中"扭曲图案填充"复选框,得到如图4-145所示的立体效果。

【随堂练习4-12】制作蝴蝶结

(1) 创建蝴蝶结形状的封套。选择"文件"→"新建"命令,弹出"新建文档"对话框,绘制正圆形和作为辅助线的矩形,使两者垂直、水平居中对齐,如图4-146所示。双击圆形进入隔离模式,如图4-147所示。在该模式中,使用钢笔工具对圆形和矩形的四个交点添加锚点,如图4-148所示。

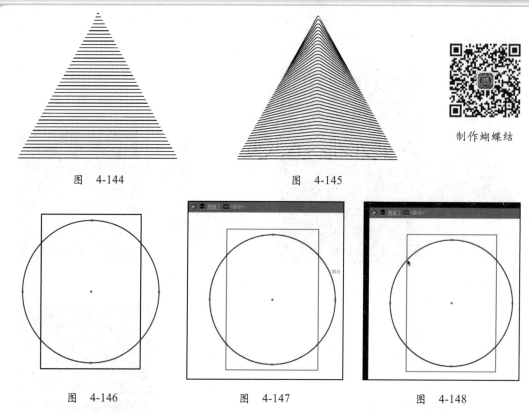

图 4-144   图 4-145

制作蝴蝶结

图 4-146   图 4-147   图 4-148

    单击 ⬛⬛⬛⬛ 中的返回箭头,退出隔离模式。使用直接选择工具选中圆形的上、下两端点,如图 4-149 所示,并使用左侧工具栏中的比例缩放工具 ⬛ 向圆心同时拖曳两端点,得到如图 4-150 所示的蝴蝶结形状。

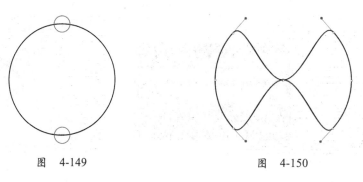

图 4-149   图 4-150

    (2) 创建封套对象。绘制适合大小的矩形,填充浅米黄色。在矩形上继续绘制透明度为 61% 的深咖色线条,间隔绘制白色线条,如图 4-151 所示。利用矩形工具、编组命令（快捷键为 Ctrl+G）、"重复上一步"命令（快捷键为 Ctrl+D）、"复制"命令、旋转工具,形成如图 4-152 所示的图形,并在此基础上继续绘制具有 80% 透明度的深红色线条,最终得到的封套对象如图 4-153 所示。

    (3) 建立封套。在建立封套前,可以将制作好的封套形状和封套对象复制一份,以备不时之需。将蝴蝶结形状放置于编组后的米色格子图形上放并全部选中,如图 4-154 所示。选择"对象"→"封套扭曲"→"用顶层对象建立封套扭曲"命令,得到的封套图形如图 4-155 所示。

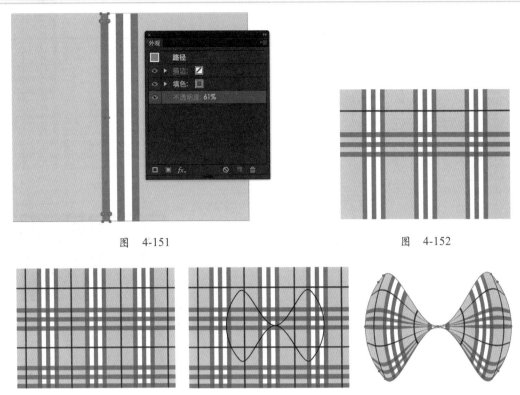

图 4-151　　　　　　　　　　　　　　　图 4-152

图 4-153　　　　　　　　图 4-154　　　　　　　图 4-155

（4）制作连接扣。绘制圆角矩形，并使用米色格子图形作为封套对象建立封套，如图 4-156 所示。选择"对象"→"封套扭曲"→"用顶层对象建立封套扭曲"命令，并将其摆放至适当位置，如图 4-157 所示。

图 4-156　　　　　　　　　　　　　　图 4-157

（5）制作阴影效果。选中蝴蝶结封套，按快捷键 Ctrl+C、Ctrl+F 进行原位复制。选择"对象"→"封套扭曲"→"用网格重置"命令，如图 4-158 所示。保持该对象选中状态，选择"对象"→"封套扭曲"→"释放"命令，释放出已经建立好网格的灰色封套，如图 4-159 所示。

为该灰色蝴蝶结形状填充更深一些的灰色，并使用套索工具选中蝴蝶结中部的范围，填充浅灰色，如图 4-160 所示。选中该图形，将默认的图层叠加方式从"正常"改为"正片叠底"，如图 4-161 所示。使用同样的方式为连接扣做出阴影效果。蝴蝶结最终效果如图 4-162 所示。

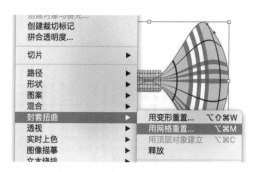

图　4-158

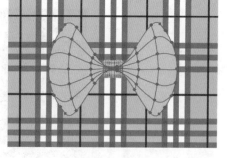

图　4-159

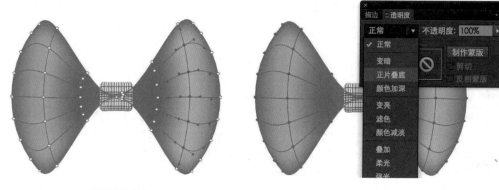

图　4-160

图　4-161

图　4-162

第五章　千变万化的效果渲染

在 Illustrator 中有多种方式可以使简单图形逐步实现丰富的视觉效果。结合图形特点和设计目的,使用效果菜单、图层样式、透明度、蒙版等功能,可以巧妙渲染出多彩的效果。本章将从使用效果画廊、3D 效果和其他效果表现入手,介绍不同功能的使用方法以及举一反三的应用技巧。

第一节　使用效果菜单

在菜单栏中选择"效果"菜单中的命令,可以对矢量图形和位图图像添加不同的变形效果,也可以让对象生成应用 Photoshop 滤镜功能所产生的相似效果,如图 5-1 所示。这种作为对象的外观属性之一添加到对象上的效果,可以随时调整参数或者轻松删除效果。

在"效果"菜单中,从 3D 到"风格化"(Illustrator 效果部分)只对矢量对象(矢量图形和位图图像的矢量描边等)起作用。而下半部分的命令(Photoshop 效果部分)不仅可以应用于矢量对象,还可以对位图图像起作用。

图　5-1

一、Illustrator效果的使用

1. 部分效果简介

使用 3D 特效可以将 2D 元素呈现为 3D 视觉表现,不仅能做出具有立体效果的文字,还可以模拟表面显示的效果。"SVG 滤镜"命令是一种效果插件,在网页效果上使用较多,能产生透明等不同效果。在"变形"级联菜单中有弧形、拱形、凹凸、鱼形、挤压等多种效果,如图 5-2 所示。"变形"级联菜单的效果可以理解为一种封套,即将对象混合成选定的形状。不仅可以直接选择多种变形效果,还可以为某一变形效果进行更加详细的参数设置(弯曲程度或扭曲程度),形成个性化的封套效果。

"栅格化"命令与"对象"菜单中的"栅格化"命令能用于实现相同的视觉效果。选择"窗口"→"外观"命令,弹出"外观"面板,选中"栅格化"效果,可直接应用。"栅格化"的目的是使图像能直接使用"效果"菜单下半部分的滤镜。如图 5-3 所示是"栅格化"对话框。

在"栅格化"对话框中相关选项说明如下。颜色模型:根据源文件的颜色模式,RGB 模式的对象可以转化为 RGB 模型,而 CMYK 模式转化为 CMYK 模型。对象也可以转化为灰度或位图模式。

图 5-2   图 5-3

分辨率：包括屏幕、中、高、使用文档栅格效果分辨率（文档初始设定的分辨率）、其他（自定义分辨率）。

背景："白色"表示使用白色像素填充透明区域,"透明"表示直接保留图形的透明模式。

选项：可以设置不同的"消除锯齿"外观,创建背景为透明的蒙版（已设置透明背景不再需要创建）或添加环绕对象（在栅格化图形外围添加空白尺寸）。

2."风格化"效果详解

在"风格化"效果中有六种样式,如图 5-4 所示。

（1）使用"内发光"效果。能让图形内部产生光晕效果,如图 5-5 所示,为五角星增加内发光效果。而通过对"内发光"对话框中参数的设置,会产生不同的视觉效果。在"模式"下拉菜单中有多种形态可以选择,同时还可以通过单击颜色方块,自定义发光的颜色;不透明度和模糊程度也可以设置具体数值;选中从"中心"发光或从"边缘"发光的选项,可以产生不同的视觉效果;选中"预览"复选框,可以在调试参数时看到实际图形效果的改变。

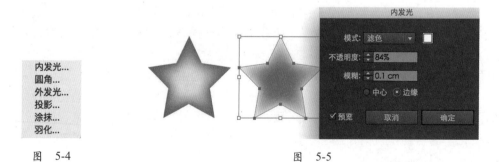

图 5-4   图 5-5

（2）使用"外发光"效果。能让图形外部产生光晕效果,如图 5-6 所示。外发光参数可以通过模式、不透明度、模糊等进行设置。在这些参数里,模糊数值越大,发光范围越大,颜色也越淡。

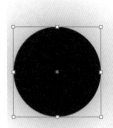

图　5-6

【随堂练习5-1】创建浮雕字体

绘制一个正圆形，填充浅灰色，如图5-7所示。在该圆形内输入文字并使用较为粗壮的字体（大小28pt），如图5-8所示，并设置该文本为无描边、无填色。

创建浮雕字体

图　5-7   图　5-8

选择"窗口"→"外观"命令，弹出"外观"面板，在该面板中设置描边为"无"；单击右上角"添加新填色"按钮，填色为"深灰"（可根据具体情况自行调整颜色），如图5-9所示。选择"效果"→"风格化"→"内发光"命令，在弹出的对话框中将"模式"设置为"正常"，"不透明度"为90%，"模糊"为1mm，再选中"中心"选项，如图5-10所示。

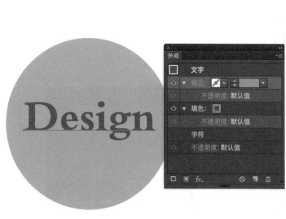

图　5-9   图　5-10

继续在文本的外观面板上"添加新填色"，如图 5-11 所示。新填色挡住了之前的具有内发光风格的填色，使用选择工具将新填色移动至最下面，如图 5-12 所示。

图 5-11   图 5-12

调整新填色，使之比内发光的填色稍深，设置参数如图 5-13 所示。使用选择工具在文本"外观"面板中继续添加一个新的白色填色，并移动至最下方，如图 5-14 所示。

图 5-13   图 5-14

保持文本选中状态,选择"效果"→"扭曲和变换"→"变换"命令,设置参数如图 5-15 所示,并单击"确定"按钮。本例最终效果如图 5-16 所示。

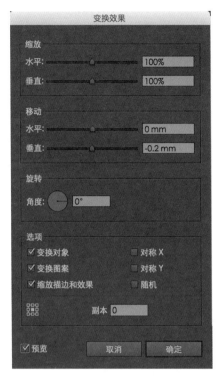

图　5-15

图　5-16

(3) 使用"圆角"效果。可以将矢量对象中的角点转换为圆点,使其产生平滑曲线。选择"效果"→"风格化"→"圆角"命令,即可打开"圆角"对话框,设置圆角半径,半径数字越大则曲度越大,如图 5-17 所示。

(4) 使用"投影"效果。可以同时影响对象的描边和填色。选择"效果"→"风格化"→"投影"命令,在"投影"对话框中进行设置,如图 5-18 所示。其中,X、Y 轴位移越大,原来的对象相对于页面本身看起来越高,而模糊值越大则投影向外延伸越远。利用颜色和暗度能够调整投影的色彩。

图　5-17

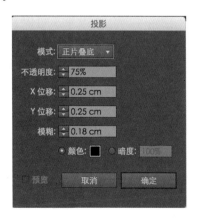

图　5-18

（5）使用"涂抹"效果。可以为对象添加非常多样的表面肌理效果。不仅可以使用 Illustrator 为用户提供预设效果，还可以通过设置参数实现自定义"涂抹"效果的表现形式。"涂抹选项"可以更改线的样式、紧密度，以及线的松散程度和描边宽度。选择"效果"→"风格化"→"涂抹"命令，弹出"涂抹选项"对话框。首先单击"设置"下拉列表框的下拉按钮，选择一种预设的涂抹方式，若选择"自定"，即可通过其他选项的参数调整，获得一个自定义的涂抹效果，如图 5-19 所示；选择"默认值"选项，可获得如图 5-20 所示的文本风格化效果（上方为原字体，下方为增加涂鸦后的效果）涂鸦的应用线看上去非常松散。

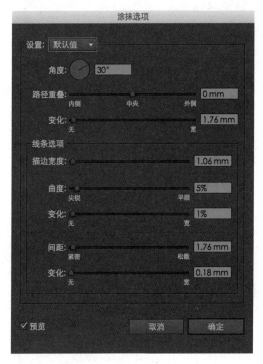

图　5-19

图　5-20

如图 5-21 所示，左侧从上至下依次是涂鸦、密度、松散、波纹、锐利，右侧从上至下依次是素描、缠结、泼溅、紧密、蜿蜒。

（6）使用"羽化"效果。可以使对象边缘产生羽化的效果。通过以点为单位指定的数字将对象淡化至透明。选择"效果"→"风格化"→"羽化"命令，弹出"羽化"对话框，可以设置羽化半径，如图 5-22 所示。

3．其他常用 Illustrator 效果

如果效果没有被限制为用于基于矢量图形，也可以应用到栅格图像上。

使用"扭曲和变换"中的效果。

（1）变换。选择"效果"→"扭曲和变换"→"变换"命令，弹出"变换效果"对话框，如图 5-23 所示，其中"份数"可以通过输入数值复制多个副本。图 5-24 所示为使用"变换"效果后的图形。

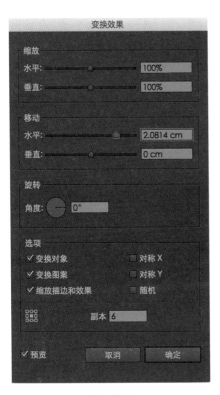

图　5-21

图　5-22

图　5-23

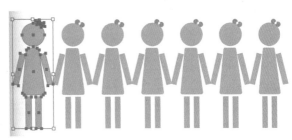

图　5-24

　　（2）扭拧和扭转。选择"效果"→"扭曲和变换"→"扭拧"命令,弹出"扭拧"对话框。其中"数量"用于设置对象在水平或垂直方向上进行扭拧变形的位移大小。在"修改"选项组中,通过分别选中"锚点""导入""导出"复选框,可以预览到对象不同的形状变化,如图5-25所示。其中"相对"单选按钮用于将滤镜应用到对象的定界框边缘,而"绝对"单选按钮用于将基于输入的绝对量来移动点。

　　选择"效果"→"扭曲和变换"→"扭转"命令,在弹出的对话框中可以输入角度。如图5-26所示,角度为正数则顺时针扭转对象,为负数则逆时针扭转对象。

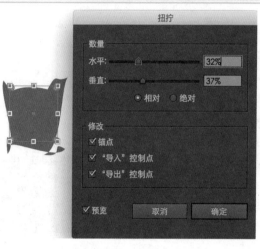

图　5-25　　　　　　　　　　　　　　　　　图　5-26

（3）收缩和膨胀。选择"效果"→"扭曲和变换"→"收缩和膨胀"命令，可以在弹出的对话框中拖动"收缩-膨胀"滑块，通过预览可查看对象的变形效果。

【随堂练习5-2】快速绘制四叶草

使用矩形工具绘制正方形，填充为绿色，描边为"无"。选中该矩形，选择"效果"→"扭曲和变换"→"收缩和膨胀"命令，在弹出的对话框中将滑块拖动至80%的位置，如图5-27所示，得到一片四叶草的效果，如图5-28所示。

快速绘制四叶草

图　5-27　　　　　　　　　　图　5-28

选择"对象"→"扩展外观"命令，可将效果形成的图形直接变为可编辑图形（有锚点的图形）。可复制多个对象，并使用直接选择工具即可对其进行外观调整，使之看上去更加自然生动，如图5-29所示。为四叶草添加根茎，并使用直接选择工具调整锚点，如图5-30所示。

图　5-29　　　　　　　　　　　　　　图　5-30

按 Shift 键连续选中四叶草的叶片,选择"效果"→"风格化"→"羽化"命令,如图 5-31 所示设置参数,可获得朦胧的叶片边缘效果。再通过复制、缩放等操作,最终得到如图 5-32 所示的朦胧效果。

图　5-31　　　　　　　　　　　　　　　　图　5-32

　　(4)波纹效果和粗糙化对象。选择"效果"→"扭曲和变换"→"波纹"命令,通过"波纹"对话框可以设置该效果的各种参数,如大小、每段隆起数。而选择"效果"→"扭曲和变换"→"粗糙化"命令,通过在弹出的"粗糙化"对话框中调整参数可以获得不同程度的粗糙效果,如图 5-33 所示。不仅可以调整大小、细节滑块,还可以选中"平滑""尖锐"两种效果选项。

图　5-33

　　如果在设计中需要在对象上快速添加一连串锚点,可以使用"粗糙化"效果进行锚点的添加。当"大小"设置为 0,添加的锚点都会沿着现有路径进行添加。在"细节"中输入 25。注意一定要选择"对象"→"扩展外观"命令,才会看到在对象上添加的多个锚点。

　　(5)自由扭曲。选择"效果"→"变换和扭曲"→"自由扭曲"命令,如图 5-34 所示,在弹出的"自由扭曲"对话框中的对象缩略图中能够直观地看到扭曲后的效果。通过自由扭曲可以轻松做出不同的透视效果,如图 5-35 所示。

图　5-34　　　　　　　　　　　　　　　　图　5-35

（6）路径查找器。相关知识在第二章中已介绍过，此处不再详述。

二、Photoshop效果的使用

Illustrator 为用户提供了大量可以被应用于栅格化对象的效果。从艺术效果到纹理效果，从模糊效果到画笔描边，各种效果还对应着多种参数，可以根据设计需要调整和改变。下面介绍几种具有代表性的滤镜效果。

1. 艺术效果

艺术效果主要包括以下 15 个命令。

（1）"壁画"效果。使用短而圆的描边来绘制图像，产生一种粗犷的感觉。将图片导入 Illustrator 中，保持选中状态，选择"效果"→"艺术效果"→"壁画"命令，可以在弹出的对话框中右侧调整参数。其中，"画笔大小"用于控制绘制壁画时画笔尺寸大小；"画笔细节"数值越大，绘制画面越精细；"纹理"用于控制画面的纹理多少。而该对话框左侧显示为选中对象，方便设计师一边调整参数，一边查看实时效果，在对话框左下方可以调整对象显示的百分比 ⊟⊞ 100% ⌄，如图 5-36 所示。

图　5-36

当设计师没有思路，不知该用哪种效果时，可以通过选择"效果"→"效果画廊"命令，直接打开该滤镜效果合集，通过选择不同滤镜文件夹，更方便地查看不同滤镜的显示效果，如图 5-37 所示。

（2）"彩色铅笔"效果。使用该效果后画面类似于使用彩铅描绘的艺术作品。

图　5-37

保持对象选中,选择"效果"→"艺术效果"→"彩色铅笔"命令,可以在弹出的对话框右侧调整参数。其中"铅笔宽度"用于设置铅笔笔触大小,"描边压力"用于控制绘画时的模拟力度,"纸张亮度"用于调节画面的明亮程度。该效果如图5-38所示。

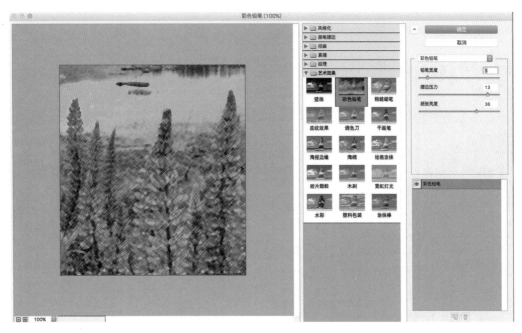

图　5-38

(3)"水彩"效果,使用该效果后对象呈现出水彩描绘的视觉效果。保持对象处于选中状态,选择"效果"→"艺术效果"→"水彩"命令,可以在弹出的对话框右侧调整参数,参数包括画笔细节、阴影强度、纹理等。效果如图5-39所示。

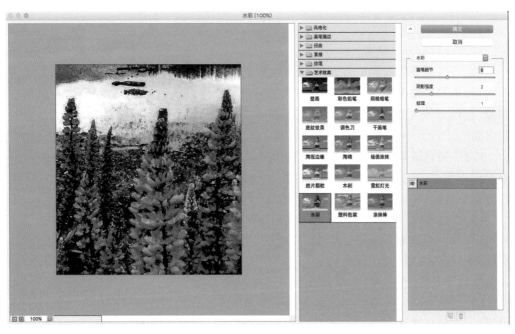

图　5-39

（4）"绘画涂抹"效果。使用该效果后,画面呈现出不同色块的组合效果。保持对象的选中状态,选择"效果"→"艺术效果"→"绘画涂抹"命令,可以在弹出的对话框中右侧调整参数。其中"锐化程度"用于控制锐化大小,数值越大图像显示效果越明显;"画笔类型"分为简单、未处理光照、未处理深色、宽锐化、宽模糊、火花六种。效果如图 5-40 所示。

图 5-40

其他效果的使用方法同上,可自行操作尝试。

2. 纹理效果

纹理效果有 6 个命令。

（1）"拼缀图"效果。使图像变为由若干方块组成的拼贴效果。保持对象处于选中状态,选择"效果"→"纹理"→"拼缀图"命令,可以在弹出的对话框右侧调整参数,包括方块大小、凸现,效果如图 5-41 所示。"马赛克"与该效果相似,都是使对象表面形成若干小方块。

（2）"染色玻璃"效果。使图像变为类似教堂里彩色玻璃的艺术效果。保持对象处于选中状态,选择"效果"→"纹理"→"染色玻璃"命令,可以在弹出的对话框右侧调整参数,包括单元格大小、边框粗细、光照强度。效果如图 5-42 所示。

（3）"纹理化"效果。可以选择或创建一种纹理应用在对象上。选择"效果"→"纹理"→"纹理化"命令,可以在弹出的对话框右侧调整参数。其中"纹理"可以选择 4 种软件自带的纹理样式,或选择"载入纹理"命令,将自制纹理载入纹理之中;其他参数还有缩放、凸现、光照和反相。效果如图 5-43 所示。

（4）"龟裂缝"效果。使图像变为干涸土地龟裂后的肌理效果。保持对象处于选中状态,选择"效果"→"纹理"→"龟裂缝"命令,可以在弹出的对话框右侧调整参数,包括裂缝间距、裂缝深度、裂缝亮度。效果如图 5-44 所示。

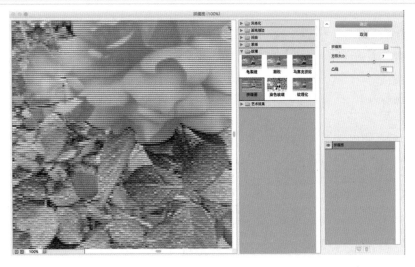

图　5-41

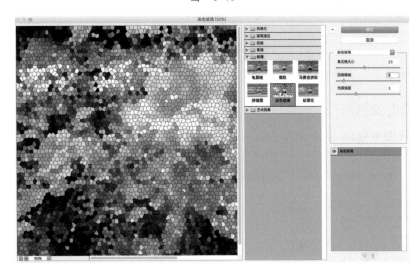

图　5-42

图　5-43

图　5-44

其他效果的使用方法同上，可自行操作尝试。

3．素描效果

素描效果主要包括 14 个命令。

（1）"半调图案"效果。使图像在保持连续色调的同时，显示输出印刷时的半调网纹效果。选择"效果"→"素描"→"半调图案"命令，可以在弹出的对话框右侧调整参数，包括大小、对比度、图案类型。其中图案类型包括圆形、网点、直线三种。效果如图 5-45 所示。

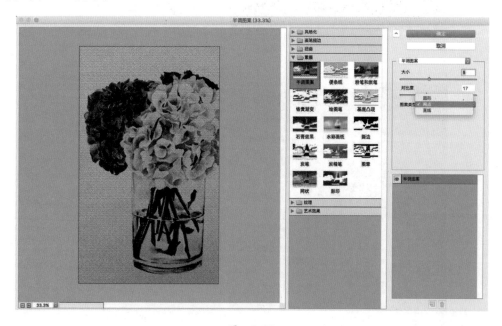

图　5-45

（2）"基底凸现"效果。使图像呈现出浮雕及其光照投影的效果。选择"效果"→"素描"→"基底凸现"命令，可以在弹出的对话框右侧调整参数，包括细节、平滑度、光照，其中在"光照"下拉列表中有 8 个光照方向选项可供选择。效果如图 5-46 所示。

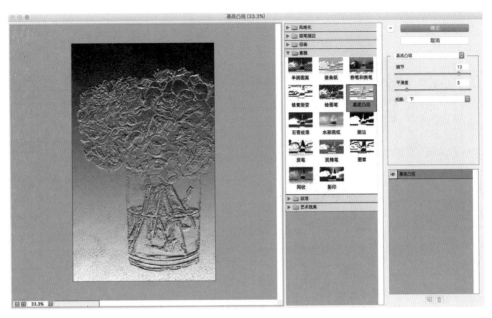

图　5-46

（3）"影印"效果。使图像呈现出类似影印图纸的效果。选择"效果"→"素描"→"影印"命令，可以在弹出的对话框右侧调整参数，包括细节、暗度。最终效果看上去黑白分明，具有怀旧风格，如图 5-47 所示。

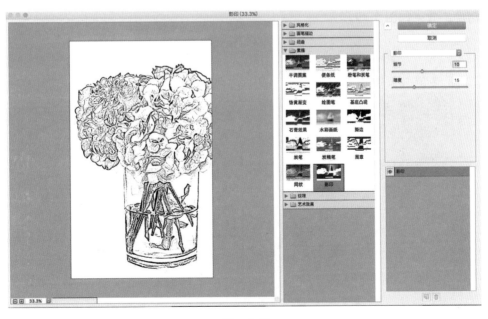

图　5-47

（4）"炭精笔"效果。使图像看上去像是使用炭精笔精细绘制的条纹。选择"效果"→"素描"→"炭精笔"命令，可以在弹出的对话框右侧调整参数。效果如图 5-48 所示。

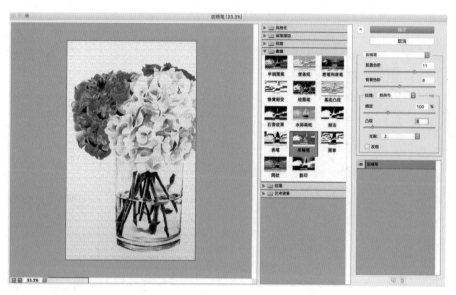

图 5-48

其他效果的使用方法同上，可自行操作尝试。

4．画笔描边效果

在画笔描边中主要包括 8 个命令。

（1）"喷溅"效果。模拟喷枪喷出颜色，使画面呈现出喷洒的效果。选择"效果"→"画笔描边"→"喷溅"命令，可以在弹出的对话框右侧调整参数，包括喷色半径、平滑度。效果如图 5-49 所示。

图 5-49

（2）"墨水轮廓"效果。模拟彩色钢笔绘画的效果，使画面看上去更具复古气息。选择"效果"→"画笔描边"→"墨水轮廓"命令，可以在弹出的对话框右侧调整参数，包括描边长度、深色强度、光照强度。效果如图 5-50 所示。

图　5-50

（3）"深色线条"效果。用白色短线条代替画面中亮色区域，用黑色短线条代替画面中暗色区域，营造怀旧、明朗的视觉效果。选择"效果"→"画笔描边"→"深色线条"命令，可以在弹出的对话框右侧调整参数，包括平衡、黑色强度、白色强度。效果如图 5-51 所示。

图　5-51

（4）"阴影线"效果。在保留原图像细节和特征的基础上减少图像色阶,使得整体内容模糊。选择"效果"→"画笔描边"→"阴影线"命令,可以在弹出的对话框右侧调整参数,包括描边长度、锐化程度、强度。效果如图 5-52 所示。

图　5-52

　　其他效果的使用同上,可自行操作尝试。

5．模糊效果

　　在模糊中有 3 个命令。

　　（1）"径向模糊"。在保留原图像细节和特征的基础上,减少图像色阶,使得整体内容模糊。选择"效果"→"模糊"→"径向模糊"命令,可以在弹出的对话框中调整参数,包括"旋转"和"缩放",如图 5-53 和图 5-54 所示。需要注意的是,在设置参数时,数量不要过大,否则软件处理图片的速度会很慢。

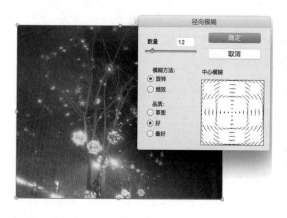

图　5-53

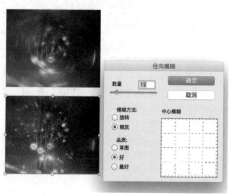

图　5-54

（2）"特殊模糊"。通过模糊表面细节，使画面产生"磨皮"的质感。选择"效果"→"模糊"→"特殊模糊"命令，可以在弹出的对话框中调整参数，包括半径（半径越大模糊影响的范围越大）、阈值（数值越大影响程度越小）、品质（分为高、中、低三个层次）、模式（分为正常、仅限边缘、叠加边缘三种类型），效果如图 5-55 所示。

（3）"高斯模糊"。可以降低图像噪声，减少画面细节层次。选择"效果"→"模糊"→"高斯模糊"命令，可以在弹出的对话框中调整参数，其中，半径像素越大，图像的朦胧效果越强，如图 5-56 所示。

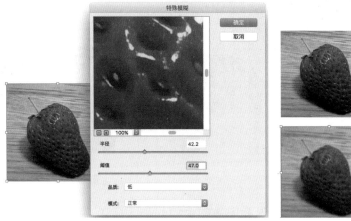

图　5-55　　　　　　　　　　　　　　　　图　5-56

6．扭曲效果

在扭曲中有 3 个命令。

（1）"扩散亮光"效果。将柔和的白色添加到图像上，形成画面主题自带光感的效果。选择"效果"→"扭曲"→"扩散亮光"命令，在弹出的对话框右侧调整参数，包括粒度（设置画面中产生颗粒的大小）、发光亮（设置图像的扩散程度）、清除数量（设置图像清晰度），效果如图 5-57 所示。使用"扩散亮光"效果前后对比如图 5-58 所示。

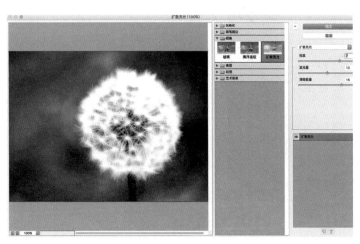

图　5-57　　　　　　　　　　　　　　　　图　5-58

107

（2）"海洋波纹"效果。将随机波纹添加到图像上，形成在水中若隐若现的漂浮之感。选择"效果"→"扭曲"→"海洋波纹"命令，可以在弹出的对话框右侧调整参数，包括波纹大小、波纹幅度，效果如图 5-59 所示。使用"海洋波纹"效果前后对比如图 5-60 所示。

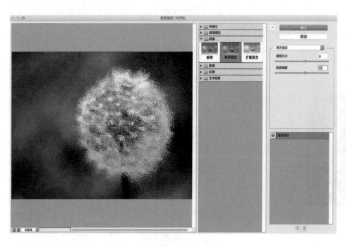

图　5-59　　　　　　　　　　　　　　　　图　5-60

（3）"玻璃"效果。模拟透过玻璃观看图像的模糊效果。选择"效果"→"扭曲"→"玻璃"命令，可以在弹出的对话框右侧调整参数，效果如图 5-61 所示。使用"玻璃"效果前后对比如图 5-62 所示。参数"纹理"选项中有四种预设样式，即块状、画布、磨砂、小镜头，效果分别如图 5-63 所示。

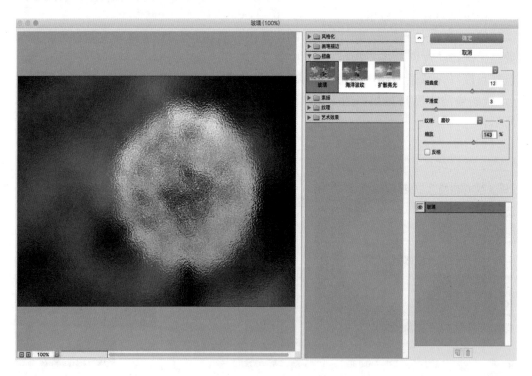

图　5-61

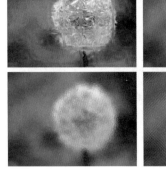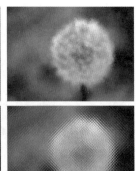

图　5-62　　　　　　　　　　　　　　　　　图　5-63

7. 像素化效果

在像素化效果中有 4 个命令。

（1）"晶格化"效果。使图像上相同像素的颜色集结成纯色多边形,模拟某种结晶效果。选择"效果"→"像素化"→"晶格化"命令,可以在弹出的对话框中调整参数（图 5-64）,如单元格大小。效果如图 5-65 所示。

图　5-64　　　　　　　　　　　　　　　　　图　5-65

（2）"点状化"效果。将图像中的颜色分解为随机分布的网点,模拟点彩画的艺术效果。选择"效果"→"像素化"→"点状化"命令,在弹出的对话框中调整参数（图 5-66）,如单元格大小。效果如图 5-67 所示。

其他效果的使用方法同上,可自行操作尝试。

【随堂练习 5-3】设计模糊花朵图案女士单肩包

选择"文件"→"新建"命令,弹出"新建文档"对话框,如图 5-68 所示。制作花朵图案。利用形状工具绘制椭圆,并为其填充如图 5-69 所示颜色,选择"效果"→"扭曲和变换"→"自由扭曲"命令,弹出"自由扭曲"对话框,如图 5-70 所示,调整椭圆形 4 个节点,得到一片花瓣的形状。

设计模糊花朵图案女士单肩包

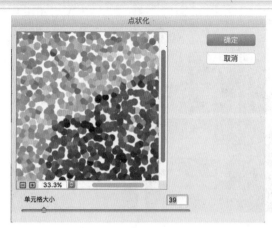

图 5-66

图 5-67

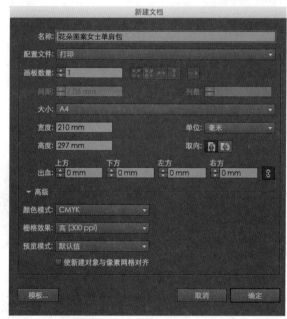

图 5-68

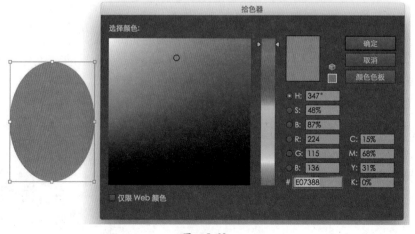

图 5-69

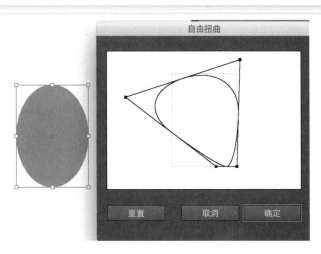

图　5-70

　　在保持该花瓣选中状态下,选择"效果"→"扭曲和变换"→"变换"命令,并在弹出的对话框中进行如图 5-71 所示的设置,其中,角度为 72°,旋转中心为右下角,副本 4 个,并选中"预览"复选框方便查看选择效果后的状态。设置完毕,单击"确定"按钮。保持对象处于选中状态,选择"对象"→"扩展外观"命令,使之前针对一个对象的效果变为能够针对被编辑的多个实际对象,如图 5-72 所示。

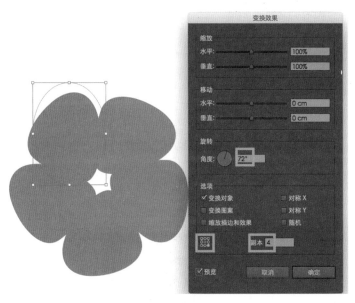

图　5-71　　　　　　　　　　　　　　　　　　　图　5-72

　　选中这五片花瓣,选择"路径查找器"→"联集"命令,使它们合并为一朵花的形状,如图 5-73 所示。使用矩形工具在中间花心的空白位置上绘制,并选中花朵和矩形,选择联集命令,使花朵呈现出更加整体的效果,如图 5-74 所示。
　　选中花朵,选择"渐变"命令进行渐变调试,如图 5-75 所示。使用旋转工具并按 Alt 键,在原来花朵基础上旋转并复制一朵,如图 5-76 所示。

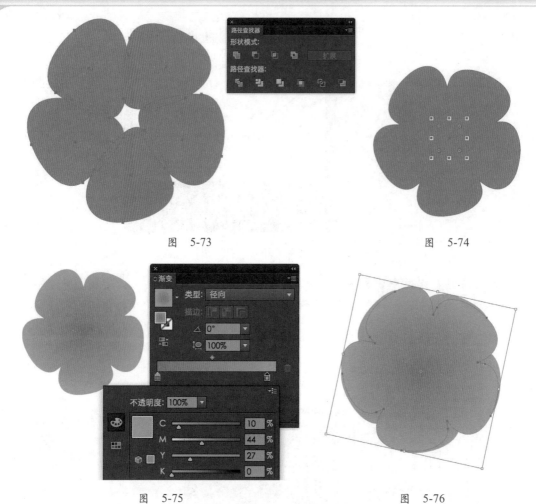

图　5-73　　　　　　　　　　　　　　　　　　图　5-74

图　5-75　　　　　　　　　　　　　　　　　　图　5-76

　　将花朵的透明度降低，并设置图层叠加方式为"滤色"，如图 5-77 所示。保持底层花朵选中，选择"效果"→"模糊"→"径向模糊"命令，在弹出的对话框中进行如图 5-78 所示的设置，并单击"确定"按钮。

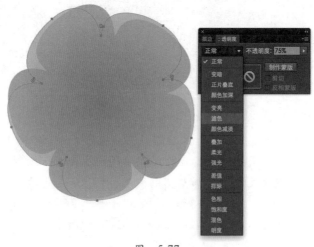

图　5-77

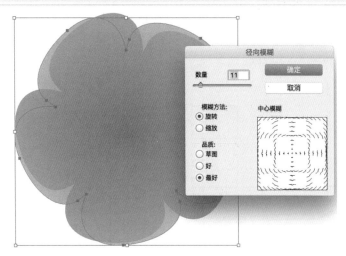

图　5-78

使用选择工具选中顶部花朵，并在"透明度"面板中设置其叠加方式为"正片叠底"，不透明度设为20%，如图5-79所示。选中顶部花朵进行原位复制，并进行旋转，如图5-80所示，得到具有模糊效果的花朵。

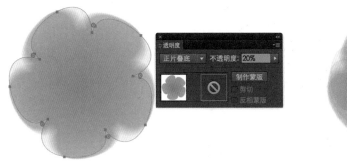

图　5-79　　　　　　　　　　　　　　　　图　5-80

绘制适当大小的矩形（黑色描边，白色填充）作为单肩包的包身部分；绘制两个同圆心椭圆，作为肩带部分，如图5-81所示。使用路径查找器中的 （减去前面）将椭圆剪成圆环，并选择"效果"→"风格化"→"圆角"命令，将矩形包身进行圆角化处理，如图5-82所示。

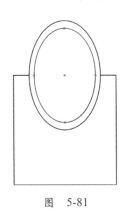

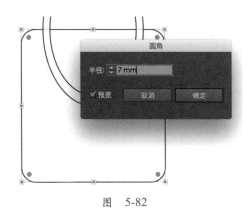

图　5-81　　　　　　　　　　　　　　　　图　5-82

在该圆角矩形之上叠加一个正常矩形（与圆角矩形等宽，并能覆盖圆角矩形上方两圆角）。选中圆角矩形和新矩形，如图 5-83 所示；选择"路径查找器"中的"联集"命令，得到效果如图 5-84 所示。

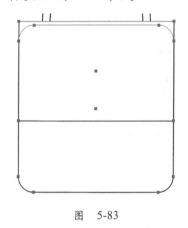

图　5-83

图　5-84

在肩带上适合位置绘制椭圆，描边为虚线，如图 5-85 所示。使用此方法继续绘制一个椭圆、一条直线，作为单肩包上的缝线效果，如图 5-86 所示。

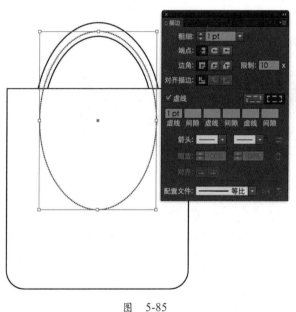

图　5-85

图　5-86

在如图 5-87 所示的四个椭圆上方绘制一个与包身相切的矩形，并把四个椭圆和新矩形全部选中，建立剪切蒙版，如图 5-88 所示。

将制作好的花朵图案进行空间选取和设计，放置在包身的适合位置，原位复制一个包身形状（快捷键为 Ctrl+C、Ctrl+F），并将其调整至最上层，如图 5-89 所示。选中花朵和新复制的包身形状，建立剪切蒙版；按快捷键 Ctrl+R 可调用标尺，并拖动参考线进行细节设计，得到如图 5-90 所示的效果。

在设计过程中，使用软件可以方便我们进行多种尝试，如在包的外侧上尝试添加文字。在工具栏中选中文字工具 T，使用与整体设计风格相称的字体，利用参考线来进行对齐和微调，得到如图 5-91 所示的设计效果。通过复制、位移、调整图案大小等，还可以快速设计出单肩包背面以及各种不同的新款式，如图 5-92 所示。

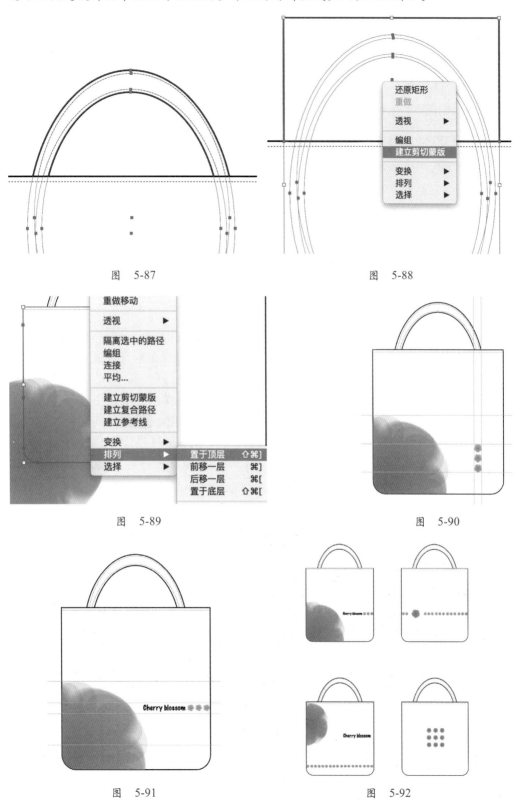

图　5-87

图　5-88

图　5-89

图　5-90

图　5-91

图　5-92

第二节　3D 效果和其他效果表现

一、在Illustrator中创建3D效果

设计师可以使用"效果"菜单中的 3D 效果工具，为任何扁平形状添加 3D 厚度，且仍然保留扁平形状的所有编辑功能。与其他建模软件形成的 3D 效果不同，Illustrator 中的 3D 无须渲染，是一种实时 3D 效果。

1．三维世界在平面中的表达

日常生活中的电视、书籍、计算机中涉及的都是二维的传播媒体，它们一般通过虚拟与纸面或屏幕垂直的深度概念，将二维平面扩展到三维立体。随着时代和科技的不断进步，全息投影、虚拟现实技术也在营造三维体验的道路上愈发深入。

在 Illustrator 中，对象的排列方式，如置于底层、置于顶层，就是在模拟屏幕的深度。选择"效果"→ 3D 命令，打开"3D 凸出和斜角选项"对话框，在该对话框中可以看到对象的 X、Y、Z 值，选中的对象都会有水平、垂直、深度（厚度）三个相对位置，如图 5-93 所示。

相关选项说明如下。

（1）位置。方便设计师观看对象角度并用来设置旋转角度。如需自定义旋转，则可以分别设置指定绕 X、Y、Z 轴旋转的参数。若调整透视角度则输入数值。

（2）凸出与斜角。用来设置对象深度以及添加对象斜角，其中，凸出的厚度用来设置对象凸出深度，可以输入数值或直接单击小三角，在弹出的滑块中进行设置。而"端点"的作用在于通过单击"端点"按钮可以在实心、空心 ◑ ◐ 之间切换，"斜角"用于设置对象斜角边缘效果，有多种模式可供选择，如图 5-94 所示；还可以选择斜角外扩（将斜角添加至原始对象）、斜角内缩（自原始对象减去斜角）▅；"高度"用来设置斜角的高度。

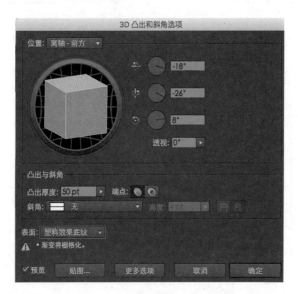

图　5-93

图　5-94

（3）表面。用来设置对象表面的效果。单击"更多选项"按钮,可以显示出更多有关于"表面"的设置信息。单击 🔁 可以进行移动到对象前面／后面的切换。单击 🔳 可新建光源,单击 🗑 可以删除光源。此外还可以对光源强度、环境光、高光强度、高光大小、混合步骤（设置对象表面底纹的平滑程度）底纹颜色、保留专色、绘制隐藏表面（选中后可显示出对象隐藏的背面）进行相关设置。"贴图"用于将可自定义图片贴到该立体表面。

2．凸出 2D 对象

在 3D 效果命令中,"凸出"是指将顶部、背部和一些边线增加到对象上。

【随堂练习 5-4】创建基本凸出效果

选择"文件"→"新建"命令,弹出"新建文档"对话框,如图 5-95 所示。绘制五种基本图形,填充不同颜色,以便观察转为 3D 后的效果,如图 5-96 所示。

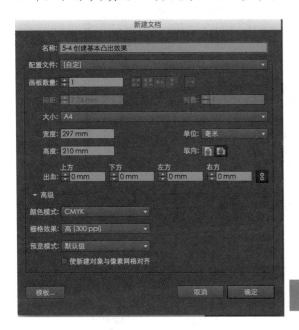

创建基本凸出效果

图　5-95

图　5-96

选中第一个矩形,选择"效果"→ 3D 命令,打开"3D 凸出和斜角选项"对话框,在"凸出厚度"中设置适当大小的厚度,如图 5-97 所示,形成立方体造型。选中第二个椭圆形,选择"效果"→ 3D 命令,打开"3D 凸出和斜角选项"对话框,在选择位置"自定旋转"选项,将 X、Y、Z 三轴重新设置数值,或直接在对话框左侧立体视图中转动模型,实现变化方位的效果,如图 5-98 所示。

选中第三个多边形,选择"效果"→ 3D 命令,打开"3D 凸出和斜角选项"对话框,设置一定的厚度并单击 ◎ ,形体从而变成空心的效果,如图 5-99 所示。选中第四个五角星,选择"效果"→ 3D 命令,打开"3D 凸出和斜角选项"对话框,在选项表面"塑料效果底纹"选项的情况下,单击"更多选项"按钮,修改底纹颜色为"自定"并选择适当的颜色填充,如图 5-100 所示。

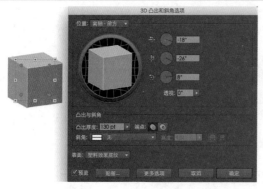

图 5-97

图 5-98

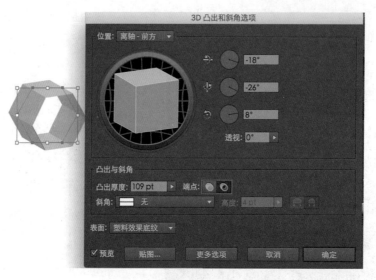

图 5-99

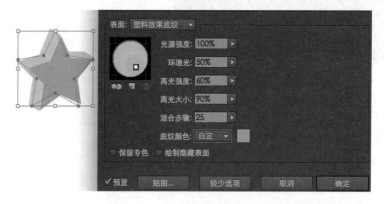

图 5-100

　　选中第五个圆角矩形,选择"效果"→3D命令,打开"3D凸出和斜角选项"对话框,在"表面"下拉列表框中选择"塑料效果底纹"选项,单击"更多选项"按钮,在弹出的对话框中修改底纹颜色为"自定"选项且选择蓝色,并调整环境光,如图5-101所示,得到更接近固有色的明暗关系。

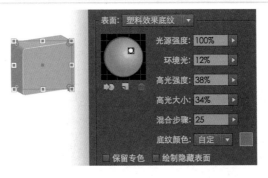

图　5-101

【知识延伸】

编辑 3D 图形的方法如下。

为简单几何形作出 3D 效果后,还可以通过选择"对象"→"扩展外观"命令来扩展外观。对比 3D 效果形成的图形和扩展后的图形,选中后如图 5-102 所示(上面一排是 3D 效果形成的图形,下面一排是扩展后的图形),会发现扩展以前的图形选中时呈现出本来的对象外框,扩展以后的图形选中时呈现出多个图形的组合。

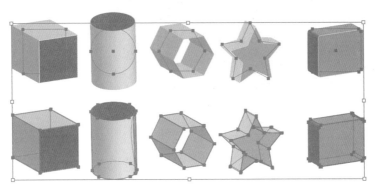

图　5-102

事实上,3D 效果并没有真正改变原对象的形状,只是在原来基础上增加了一种效果,如图 5-103 所示,增加 3D 效果后的对象外观中标有 fx 字样的效果栏,可以进行再次编辑或者删除。而对于扩展后的组合图形,用户可以对 3D 效果形成的各个部分进行更加细化的编辑,如图 5-104 所示。

图　5-103　　　　　　　　　　　　　图　5-104

【随堂练习5-5】为文字创建不同的立体效果

选择"文件"→"新建"命令，弹出"新建文档"对话框，如图5-105所示。

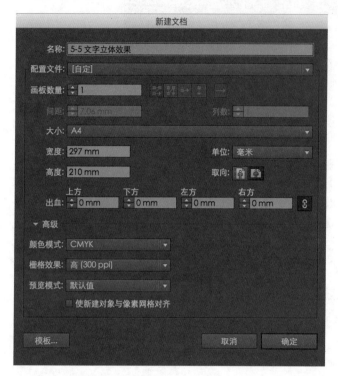

为文字创建不同的
立体效果

图　5-105

（1）立体描边效果。使用文字工具输入一段文字（如 AI)，选择较为粗壮的字体，为该文字设置无填充，描边为虚线，如图5-106所示。选中该文字，选择"效果"→ 3D →"凸出和斜角"命令，打开"3D 凸出和斜角选项"对话框，进行如图5-107所示的设置，即可得到具有线框质感的立体描边文字效果。

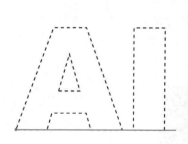

图　5-106

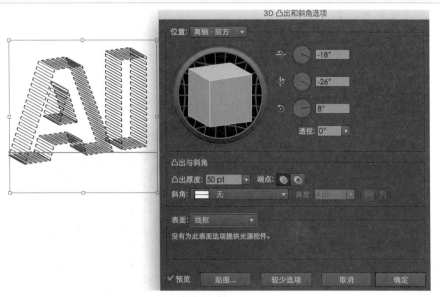

图　5-107

（2）立体文字效果。使用文字工具,输入一段文字（如 PS）,根据设计情况选择一种字体,为该文字设置无描边,填充为果绿色。选中该文字,选择"效果"→ 3D →"凸出和斜角"命令,打开"3D 凸出和斜角选项"对话框,单击 更多选项 按钮进行如图 5-108所示设置。需要注意的是,可以为对象增加多个光源。本例中增加了一个光源,文字看上去会更加明亮。若要增加光源,单击球体光效缩略图下方的"新建"按钮■。光源位置和多少都会给对象的表现效果带来影响。

图　5-108

（3）立体斜角效果。使用文字工具，输入一段文字（如 DESIGN），为文字设置无描边，填充为蓝色。选中该文字，选择"效果"→3D→"凸出和斜角"命令，打开"3D凸出和斜角选项"对话框，进行如图 5-109 所示的设置。在"斜角"下拉列表框中有多种模式可以选择；"高度"设置不宜过大，否则会出现不规则破面。利用斜角这一功能，用户可以快速制作出不同的字体效果，如图 5-110 所示。

图　5-109

3．3D 绕转和旋转对象

（1）绕转对象。3D 绕转对象的工作原理是围绕轴以指定的度数旋转平面对象，从而创建 3D 对象。通过变换指定轴变换不同对象，可以绕转出不同的效果。

① 位置设置：通过"位置"下拉菜单可以看到多种预设模式。使用钢笔工具绘制如图 5-111 所示的形状（苹果剖面图）。选中图形，选择"效果"→3D→"绕转"命令，打开"3D 绕转选项"对话框，在"位置"的下拉列表中选择不同的绕转模式，会得到不同的立体效果，如图 5-112 所示。保持其他数值默认选项，分别选择"离轴前方""离轴上方"，得到不同的立体图形。

图　5-110

图　5-111

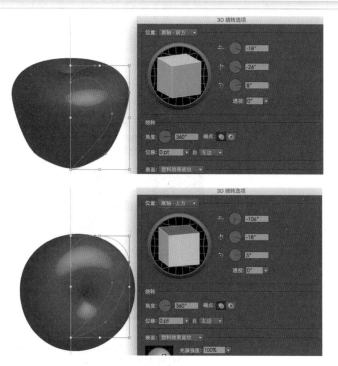

图　5-112

② 角度设置：默认设置角度为 360°。使用钢笔工具绘制如图 5-113 所示的形状（陀螺剖面图），注意绘制锚点的衔接。选中图形,选择"效果"→ 3D →"绕转"命令,打开"3D 绕转选项"对话框,更改"角度"数值,对比 360°和 250°的区别,可以看到,前者是全角度旋转,围绕成整体陀螺形状；而后者有着 250°的旋转和 110°缺口,如图 5-114 所示。

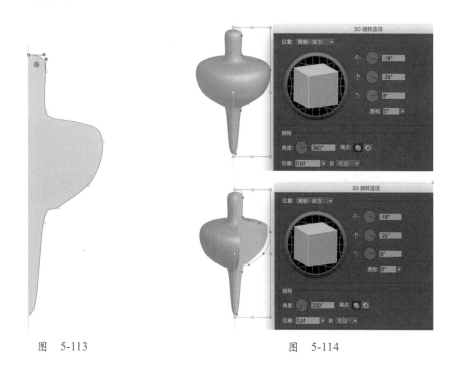

图　5-113　　　　　　　　　　　　　　图　5-114

③ 位移设置：用来设置绕转对象和自身轴心的距离。使用钢笔工具绘制如图 5-115 所示的形状（毛笔剖面图）。选中图形，选择"效果"→ 3D →"绕转"命令，打开"3D 绕转选项"对话框，将"位移"参数分别设置为 0pt 和 5pt，对比两种数值带给立体形状的影响，如图 5-116 所示。

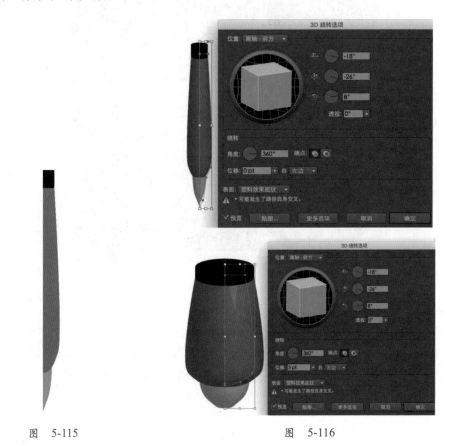

图　5-115　　　　　　　　　　　　　　　图　5-116

④ 方向设置："自"下拉列表框中旋转方向有左边、右边两种方向可以选择。使用钢笔工具绘制如图 5-117 所示的形状（杯子剖面图）。选中图形，选择"效果"→ 3D →"绕转"命令，打开"3D 绕转选项"对话框，在"自"下拉列表框中分别设置"左边""右边"两个不同旋转方向，则会得到不同的立体效果，如图 5-118所示。

图　5-117　　　　　　　　　　　　图　5-118

⑤ 贴图：使用 3D 绕转还可以为对象表面模拟光影变化，并进行贴图。选中使用 3D 绕转创建的对象，在对话框中单击"贴图"按钮，则可以为对象表面进行贴图。在"符号"选项中可以选择要贴的图样，预设符号是软件中自带的符号。用户可以根据自己的需要进行符号创作。

【随堂练习 5-6】创建具有立体效果的星星图案杯子

选择"文件"→"新建"命令，弹出"新建文档"对话框。如图 5-119 所示，绘制五角星图样，拖动到"符号"面板中新建符号。使用钢笔工具绘制杯子剖面图，如图 5-120 所示。选择"效果"→3D→"绕转"命令，打开"3D 绕转选项"对话框，制作杯子立体样式并选中"预览"复选框。单击"贴图"按钮，弹出"贴图"对话框，如图 5-121 所示。当前"符号"选项为"无"；"表面"选项是指立体对象的表面，目前有 3 个，可以通过左、右按钮在 3 个表面中进行切换，选中的表面在预览时高亮显示。

创建具有立体效果的星星图案杯子

图 5-119　　　　　　　　　　　　　　　　　　　　　　图 5-120

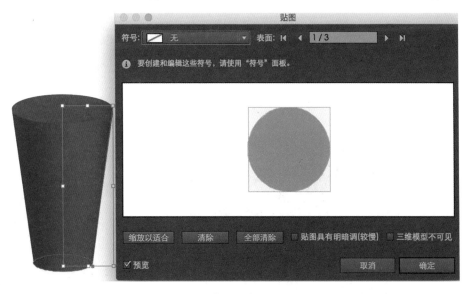

图　5-121

为表面 3 设置符号"星星"，如图 5-122 所示，单击"确定"按钮。为杯子绘制渐变的椭圆形杯口，最终效果如图 5-123 所示。还可以通过微调符号的位置，得到更多设计效果，如图 5-124 所示。

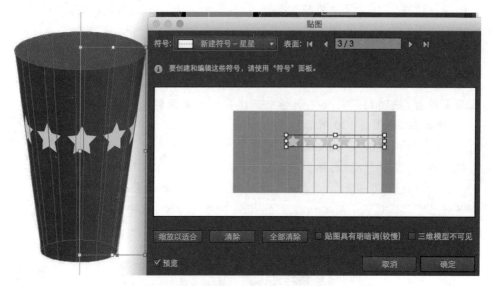

图　5-122

图　5-123　　　　　　　　　　　　图　5-124

（2）旋转对象。选择"效果"→3D→"旋转"命令，可以旋转 2D、3D 对象，是将倾斜效果或透视应用到平面上的一种方法，如图 5-125 所示，将一个圆角矩形进行旋转，可得到具有透视感的图形效果。需要注意的是，如果想要对该形状继续调整 3D 效果，可使用"外观"面板进行设置，如图 5-126 所示。

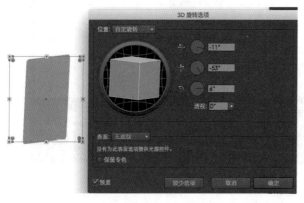

图　5-125　　　　　　　　　　　　图　5-126

二．其他效果表现

1．变化和扭曲

（1）旋转效果和复制动作。按照指定度数进行旋转，可以得到具有韵律感的图形。而在设计中，用户经常需要对某一个操作动作进行复制，按快捷键操作起来更加直观和快速。

【随堂练习5-7】快速创建旋转效果的花纹

选择"文件"→"新建"命令，弹出"新建文档"对话框。

使用椭圆工具绘制圆形，并使用路径查找器工具中的"交集"将两个椭圆交集部分保留，得到如图5-127所示的花瓣图形。设置图形透明度为25%。选中图形，在工具栏中选择旋转工具，单击Alt键同时移动光标并单击花瓣的最下角，这一操作可以快速设置旋转的中心点，同时打开"旋转"选项对话框，如图5-128所示。

快速创建旋转效果的花纹

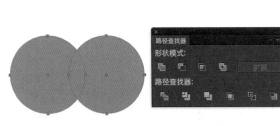

图　5-127

图　5-128

单击"复制"按钮，可以在原图形基础上复制一个新的旋转后的图形，按快捷键Ctrl+D可以继续按照刚才的旋转度数复制图形，如图5-129所示。继续按快捷键Ctrl+D复制图形，直至完成整体图形的制作，如图5-130所示。

（2）使用倾斜工具。倾斜工具在比例缩放工具组▣中。使用时先选中图形，然后进行拖动，或者双击倾斜工具，弹出"倾斜"对话框进行数值设置，可以实现透视效果，图5-131所示为将五角星倾斜后得到的效果。

图　5-129

图　5-130

图　5-131

需要注意的是，为了便于控制整体倾斜效果，可以在选中倾斜工具后，在对象上想要设置倾斜原点的地方按Alt键并选中该处，在弹出的"倾斜"对话框中设置参数时，会发现倾斜原点是保持不动的，如图5-132所示。

图 5-132

（3）使用分别变换。选中一组对象（保证每一个字母都是单独可编辑的），选择"对象"→"变换"→"分别变换"命令，即可弹出"分别变换"对话框，如图 5-133 所示。在该对话框中，使用滑块或为每个变换输入数值，可以控制对象的缩放、移动、旋转三个变换。若选中"分别变换"对话框右边的"随机"复选框则可赋予每一个选定对象某一随机数值。使用"分别变换"中最为强大的"随机"功能，可以使对象呈现完全随机的视觉表达。

图 5-133

【随堂练习 5-8】为立体文字添加分别变换效果

使用文字工具输入一段文字，如 Happy Spring Festival，选择"效果"→3D →"凸出和斜角"命令，得到具有立体外观的效果，如图 5-134 所示。复制该文字，使它呈现出两种色彩，如图 5-135 所示。

选中两行文字，并选择"对象"→"扩展外观"命令，立体文字变为可被编辑的图形。继续保持这些图形处于选中状态，右击并在弹出的快捷菜单中选择"取消编组"命令，则每一立体字可以独立被编辑。通过替换文字字母，得到如图 5-136 所示的效果。选择"对象"→"变换"→"分别变换"命令，在弹出的对话框中选中"随机"复选框，调整角度，设置缩放，可以得到不同的文字变换效果。图 5-137 所示为由上到下依次是原始文字、随机、角度、水平缩放后的不同效果。

为立体文字添加分别变换效果

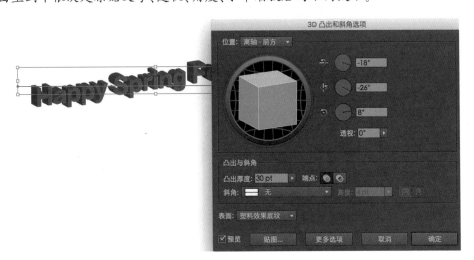

图 5-134

图 5-135

图 5-136

图 5-137

2. 图层效果的叠加使用

通过调整图层的透明度、各种效果的混合模式，上层对象与下层对象能够发生联系，从而产生各种视觉效果。通过"窗口"菜单弹出"透明度"面板，选中对象，即可进行一系列关于该对象图层透明度及混合模式的编辑，如图 5-138 所示。

图 5-138

（1）使用不透明度。可以通过拖动不透明度滑块来调整对象的不透明度。其中100%为完全不透明，0为完全透明。搭配"图层"面板使用，可以更方便地从众多对象中挑选出需要修改不透明度的对象，如图5-139所示。

（2）熟悉混合模式。"透明度"面板中的左上角有多种不同的混合模式，这些模式可以被应用在两个上下层次关系的对象上，即通过组合底部基本颜色和顶部混合颜色，重叠后形成新的颜色表达模式。混合模式如图5-140所示。

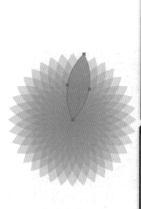

图　5-139　　　　　　　　　　　　　　　　　图　5-140

（3）不透明度蒙版。使用不透明度蒙版，可以实现贴图的效果。在创建不透明度蒙版时候，要将蒙版图形放在贴图对象之上，然后选中它们，单击"透明度"面板中的"制作蒙版"按钮，如图5-141所示。

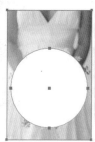

图　5-141

建立蒙版后效果如图5-142所示。可以看到在透明度面板中有两个缩略图，左侧为对象缩略图，右侧为蒙版缩略图。选中蒙版缩略图，并使用"直接选择工具"选中蒙版对象（本例中为圆形），如图5-143所示，即可更改该蒙版对象。

在蒙版层面中，白色代表完全显示，黑色代表完全遮挡，不同程度的灰色将对象显示为深浅不同的透明效果。如图5-144所示，将刚才的白色蒙版改为灰色后，图片显示出半透明效果。若将该蒙版改为中心白色、边缘黑色的径向渐变，则可得到由中心向四周发射的渐隐效果，如图5-145所示。

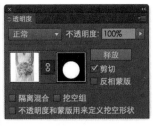

图　5-142

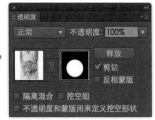

图　5-143

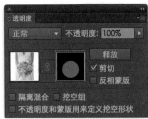

图　5-144

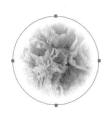
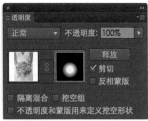

图　5-145

在蒙版层面编辑完成后,单击左侧的对象缩略图,才可以回到正常的编辑模式。图5-146所示为不同颜色的蒙版和对应的对象效果。

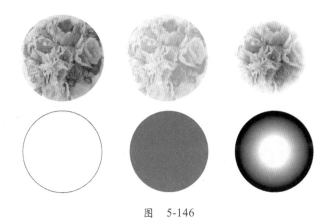

图　5-146

【随堂练习5-9】使用不透明度蒙版为文字贴图

使用文字工具输入"绿地",并选择较为粗壮的字体。选中该文字,选择"效果"→3D→"凸出和斜角"命令,在弹出的对话框中进行如图5-147所示的设置。设置完毕后单击"确定"按钮,并按快捷键Ctrl+C、Ctrl+F在该文字上原位复制一个对象。继续选择"效果"→3D→"凸出和斜角"命令,进行如图5-148所示的设置。

设置完毕单击"确定"按钮,并从图片库中找一张绿色草地的图片放入设计区中。为防止图片意外丢失,可保持图片处于选中状态,单击设计区域上方控制面板中的"嵌入"按钮。若需要对图片进行不断编辑、更新,则可使用"链接",以便于将修改过的图片同步更新。将图片的叠放次序调整至第一个立体文字之下,如图5-149所示。选中"绿地"两字,选择"对象"→"扩展外观"命令,使3D效果的立体字变为对象形状。同时选中文字和绿色草地，在"透明度面板"中单击"制作蒙版"按钮，在图层的"混合模式"下拉列表中选择"正片叠底"，即可获得如图5-150所示的贴图立体字效果。

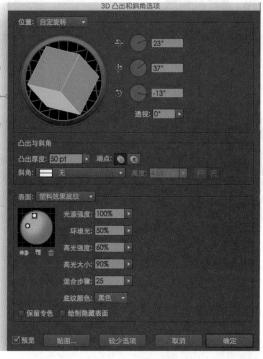

使用不透明度蒙板为文字贴图

图　5-147

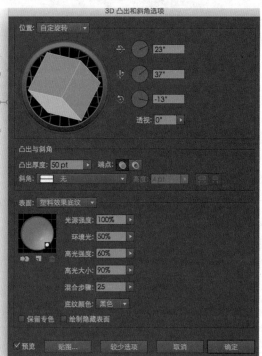

图　5-148

图　5-149

图　5-150

　　还可使用直接选择工具对蒙版的颜色进行更改,从而获得其他不同的视觉效果,如图 5-151 所示。

图　5-151

133

第六章 图文并茂的编排制作

在 Illustrator 中不仅可以设计图形，编辑图片，增加各种效果的使用，还可以实现对文字、图表的自由控制；使用标尺、对齐、透视网格辅助设计；与 Photoshop 联动，实现软件之间的功能联合，提升设计效率。

第一节 文字与图表的编辑

一、文字编排

1. 了解文字菜单

"文字"菜单包含着所有文字控制命令，如图 6-1 所示。选择"窗口"→"文字"→"字符"命令，即可调出"文字"面板，如图 6-2 所示。

图 6-1

图 6-2

（1）字体。"字体"中包含着当前安装在本机中所有的字体，当需要选择某种字体时，为了方便看到文字实时状态，用户可以在字体编辑状态下，选中状态栏中"字符"中的字体，使用鼠标上下滚动，即可快速查看字体的改变效果，如图 6-3 所示。

图 6-3

（2）最近使用的字体。选择"编辑"→"首选项"命令。在弹出的对话框中，可使用"文字"选项卡中"最近使用的字体数目"下拉列表框，设置想要调用的字体范围，最小值为 1 种，最大值为 15 种，如图 6-4 所示。

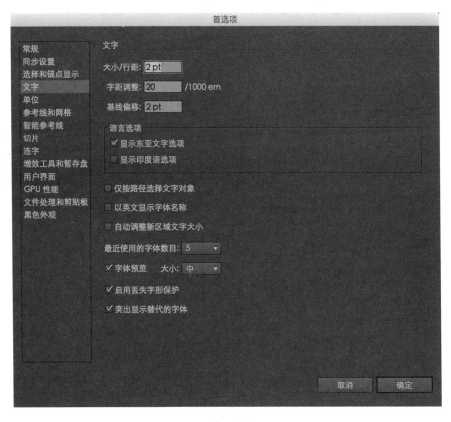

图　6-4

2．使用文字工具

（1）文字工具箱。单击文字工具图标按钮并按住左键不放，可以看到里面各种不同功能的工具，如图 6-5 所示。

在设计区域中任何空白部分单击，可创建单独文字，而作为单独文字出现的文本是不会自动换行的，可通过按 Enter 键来换行。单独文字主要用于创建较小的文字部分，如标签、标题等。

使用文字工具在设计区域中单击、拖动，可创建区域文字，边框为拖动的区域，如图 6-6 所示。

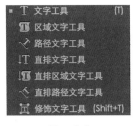

图　6-5

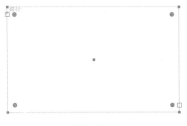

图　6-6

按 Shift 键,可以在文字工具和直排文字工具之间切换。

（2）使用区域文字功能。利用区域文字工具可以使填充的文字适合于不同形状的闭合路径,如图 6-7 所示,通过新建五角星形状,使用区域文字工具在其中填充文字,即可实现文字在区域中的呈现效果。需要注意的是,区域文字工具必须在一个闭合区域上应用才有效果,否则会弹出警告对话框,如图 6-8 所示。选择"文字"→"区域文字选项"命令,打开"区域文字选项"对话框,也可以实现区域文字的效果。

图 6-7   图 6-8

（3）使用路径文字工具。路径文字工具用于在 Illustrator 中沿着不同路径进行排列,如图 6-9 所示。这种具有线条感的文字排列方式在儿童绘本中很常用。

创建路径文字后,可以在"文字"菜单中修改设置扭曲路径文字,如图 6-10 所示。选择"文字"→"路径文字"→"路径文字选项"命令,弹出"路径文字选项"对话框,可以选择不同的文字排列效果,如图 6-11 所示,依次是"彩虹效果""倾斜效果""3D带状效果""阶梯效果"。

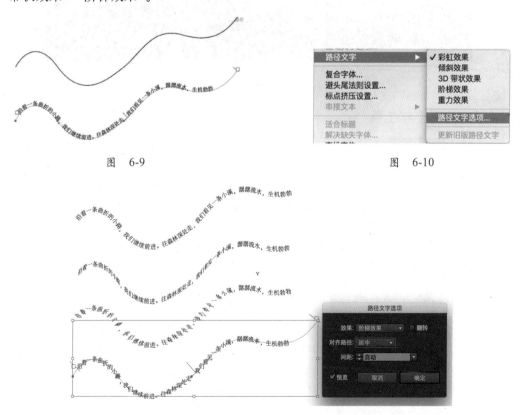

图 6-9   图 6-10

图 6-11

对路径文字进行调整时，要从对齐的一边开始调整字距。若是路径有尖锐角点，可能会出现文字相互叠加的情况，这时可以使用"直接选择工具"来进行调整。

（4）使用直排文字工具。直排文字工具与"垂直旋转文本"有本质的不同。在文字工具图标按钮上长按鼠标左键，会弹出多种文字工具，选中直排文字工具，在页面中单击并输入文字，如图 6-12 所示。

直排文字工具也可以通过拖动形成矩形文字区域，方便填写和换行。

选择"文字"→"文字方向"→"垂直"命令，可将水平文字转换为直排文字。相对于水平文字，直排文字占用了更大空间。排列规则是从上到下、从右到左。

按快捷键 Ctrl+T，可以打开"字符"面板查看字符相关信息，如图 6-13 所示，可以方便用户直观地了解和修改行距、字间距等内容。

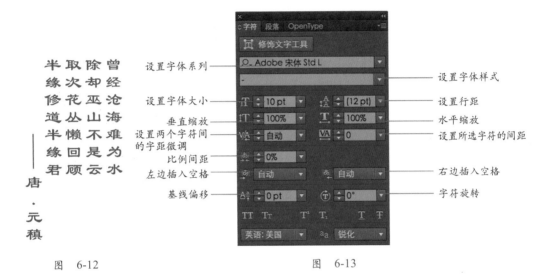

图　6-12　　　　　　　　　　　　　　图　6-13

（5）使用区域文字工具。区域文字工具可以使文字填充在不同形状的或闭合或开放的路径上。用户可以使用钢笔画一条波浪线，再单击路径文字工具图标，就可以让输入的文字沿着这条波浪线运动。也可以画一个五角星，让文字填充在其中。

使用钢笔工具或者形状工具绘制轮廓，如图 6-14 所示，五角星或者月亮。在工具箱中单击区域文字工具图标，将光标移动到图形上任意一处并单击，就可以把图形转变为文本框架线。若在单击时并没有选中任意文本框，则会弹出警告提示，如图 6-15 所示。

图　6-14　　　　　　　　　　　　　　图　6-15

在该图形中可以输入文字，而且支持横、竖排列的文字。如果想进行横竖切换，可以单击直排区域文字工具。需要注意的是复合路径不能使用区域文字工具和直排文字工具。

【知识延伸】

（1）更改文字区域。在设计过程中，根据具体需要，有时会需要对区域文字的区域进行调整。在选择时，确保选中的是区域的路径而不是其中的文字。使用直接选择工具对区域文字的锚点进行移动、调整，如图 6-16 所示。

（2）微调路径文字。在一些波浪形或者尖锐的路径上排列文字，会遇到文字碰撞的情况。为了避免这种问题发生，用户可以使用较为圆润的路径，或者将出现重叠的文字进行设置，如按快捷键 Alt+> 将字间距拉大。

（3）设计路径文字效果。打开"文字"菜单，可以进行设置和效果选择。如"彩虹效果""倾斜效果""3D 带状效果""阶梯效果""重力效果"等。通过双击路径文字工具或选择"文字"→"路径文字"命令，都可以打开"路径文字选项"对话框，如图 6-17 所示。另外，在设置中还可以调整文字的间距、翻转，并且支持预览功能。

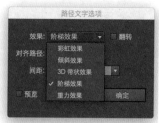

图 6-16　　　　　　　　　　　　　　　　图 6-17

3．使用文字面板

选择"窗口"→"文字"→"字符"命令，弹出"字符"面板。其中，字符、段落和 Open Type 面板通过选项卡组合在一起。利用该面板可以直观地修改字体、样式和对齐、字距。

（1）使用"字符"面板。通过"字符"面板可以达到修改文字的效果，如图 6-18 所示。

① 通过增量可以更改字符的属性。在"首选项"对话框中的"常规"选项区可针对设计师的使用习惯进行合理设置。

在文本段落中，不可以使用常规"编辑"→"还原"命令或按快捷键 Ctrl+Z，而应移动制表符到下一个段落，然后还原，再按快捷键 Shift+Tab 返回。

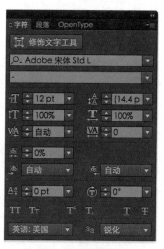

图 6-18

② 更改字体和样式。利用"字符"面板顶部的下拉菜单可以设置字体的外形。设计师不仅可以使用系统自带的字体，也可以从网络下载多种字体在计算机上安装。

③ 更改字体大小。在"字符"面板中有设置字体大小的选项。输入所需的点大

小（区域为 0.1 ～ 1296pt，增量为 0.001pt）。也可以按快捷键 Shift+Ctrl+ 快速调整文字大小。

④ 更改行距。在"字符"面板中有设置行距的选项，单击下拉按钮，可选择行距值。在 AI 中，行距是指当前基线到上一行的基线。

在"首选项"对话框中可以为"文字"设置行距增量，也可在"字符"面板中进行设置，如图 6-19 所示。

⑤ 使用垂直和水平缩放。可用下拉选项设置标准点大小，"水平缩放"控制文字水平变宽、变窄，"垂直缩放"控制文字的高度，如图 6-20 所示。

图 6-19

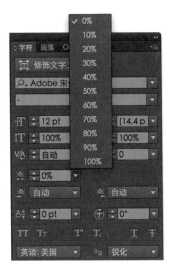

图 6-20

⑥ 使用字符旋转。可以让字符根据基线进行旋转。

（2）使用"段落"面板。选择"窗口"→"文字"→"段落"命令，打开"段落"面板，可以对其中的参数进行设置。

① 对齐文字：包括左对齐、居中对齐、右对齐、两端对齐且末行左对齐、两端对齐且末行居中对齐、两端对齐且末行右对齐、全部两端对齐。

② 缩进段落：包括左缩进、右缩进、首行左缩进。左缩进可以设置负数，从而创建悬挂缩进。

③ 设置段前、段后间距：通过设置，可以确定在选定段落前从基线到基线之间的距离，也可以输入负数减少间距。

④ 调整字距：通过设置字距调整的值进行控制。其中包括单词间距、字母间距、字形缩放、自动行距、单字对齐，如图 6-21 所示。

⑤ 控制标点：单击 ▅▅ 并选择罗马式悬挂标点，可以呈现出省略号、引号、逗号、句号和连字号等。

（3）使用制表符面板。使用"制表符"命令或按快捷键 Ctrl+Shift+T 打开"制表符"面板，如图 6-22 所示，该面板在文字上方出现，对应文字区域的宽度。通过"将面板置于文本上方"按钮可以把"制表符"面板移动到与文字左对齐的位置。

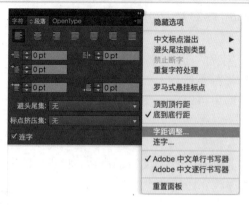

图　6-21

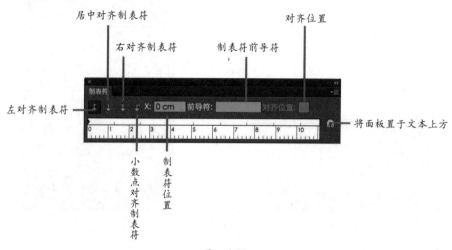

图　6-22

4．使用高级文字功能

Illustrator 为用户提供了超过基础文字需求的高级设置功能。包括串接文字、绕排文字、适合标题、查找和替换、拼写检查和更改大小写。

（1）串接文本。可以将一段文本从一个区域链接到另一区域。链接块可以被选择工具选中，且可以在一个区域中单击而选择所有区域。选择"文字"→"串接文本"→"创建"命令，文字即可形成被编组的效果。

（2）适合标题。通过选择"适合标题"命令，可以增加文字宽度以适应整体段落的宽度。使用"段落"面板中的"全部两端对齐"命令，也可以做到类似的效果，如图 6-23 所示。

荷塘月色
荷塘的四面，远远近近，高高低低都是树，而杨柳最多。这些树将一片荷塘重围住；只在小路一旁，漏着几段空隙，像是特为月光留下的。树色一例是阴阴的乍看像一团烟雾；但杨柳的丰姿，便在烟雾里也辨得出。树梢上隐隐约约的是一带远山，只有些大意罢了。树缝里也漏着一两点路灯光，没精打采的，是渴睡人的眼。这时候最热闹的，要数树上的蝉声与水里的蛙声；但热闹是它们的，我什么也没有。

荷　塘　月　色
荷塘的四面，远远近近，高高低低都是树，而杨柳最多。这些树将一片荷塘重围住；只在小路一旁，漏着几段空隙，像是特为月光留下的。树色一例是阴阴的乍看像一团烟雾；但杨柳的丰姿，便在烟雾里也辨得出。树梢上隐隐约约的是一带远山，只有些大意罢了。树缝里也漏着一两点路灯光，没精打米的，是渴睡人的眼。这时候最热闹的，要数树上的蝉声与水里的蛙声；但热闹是它们的，我什么也没有。

图　6-23

（3）查找和替换。选择"编辑"→"查找和替换"命令，在弹出的对话框中可搜索特定的字母、单词和字符。单击"查找"按钮来查找第一个出现的单词或字符，单击"替换"按钮可以替换特定文本，单击"替换和查找"按钮则可以定位下一个出现的单词或字符。

（4）拼写检查。选择"编辑"→"拼写检查"命令，打开对话框。将选定的"误拼"单词添加到自定义词典时，可使用添加按钮。单击"更改"按钮可用"建议单词"列表中突出显示的单词替换错误的单词，单击"全部更改"按钮可以快速替换全部文档中的错误单词，单击"完成"按钮关闭该对话框。

（5）更改大小写。选择"文字"→"更改大小写"命令，可以对大写、小写、词首大写、句首大写进行更改，并不会影响数字、标点和符号。

【随堂练习 6-1】金属质感字母

在画板上输入字母 A 并选择有棱角的一种字体，如 Arial Black 字体。右击并在弹出的快捷菜单中选择"创建轮廓"命令，如图 6-24 所示。

在"对象"菜单中选择"偏移路径"命令并设置"斜接限制"参数为 2 ～ 4。选中"预览"复选框，也可以根据设计需要进行调整，如图 6-25 和图 6-26 所示。选中所有对象，在"窗口"菜单中选择"路径查找器"命令并使用"分割"命令。通过取消编组，可以再次选中中间部分，并且选择"对象"→"隐藏"命令将选中对象暂时隐藏，如图 6-27 所示。

金属质感字母

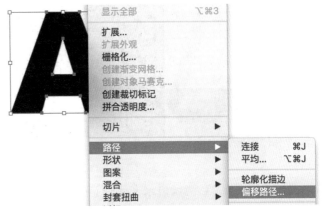

图　6-24　　　　　　　　　　　　　　图　6-25

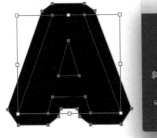

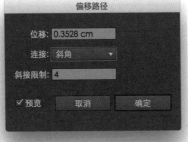

图　6-26　　　　　　　　　　　　　　　　　图　6-27

选择直线工具，并对每一处拐角部分画上直线。如图 6-28 所示，选中所有直线和显示对象，选择"路径查找"→"分割"命令，并取消编组，如图 6-29 所示。

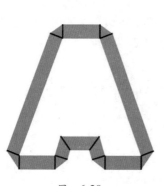

图 6-28

图 6-29

根据渐变色色板调整，对字母进行色彩设计，如图 6-30 所示。

对所有对象进行渐变设计，尤其是事先隐藏的对象也显示出来，同样加上渐变，形成较为厚重的质感，如图 6-31 所示。

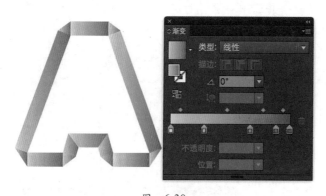

图 6-30

图 6-31

【随堂练习6-2】清风自来文字设计

新建 210mm×297mm 横版画板。使用文字工具输入"清风自来"四字。以一种字体为参考，使用钢笔工具进行字体设计，如图 6-32 所示。加粗字体描边并设置圆头端点，如图 6-33 所示。选中所有笔画，选择"对象"→"扩展"命令，使笔画转变为形状，如图 6-34 所示。

选中文字，进行渐变颜色设置，根据纵横不同的方向可以设置不同的渐变方式，并注意调整笔画上下顺序，如图 6-35 所示。

复制一层文字，向右下方挪动 2～5cm，并将新复制的文字层的透明度改为 0，如图 6-36 所示。

图 6-32

清风自来文字设计

图　　6-33

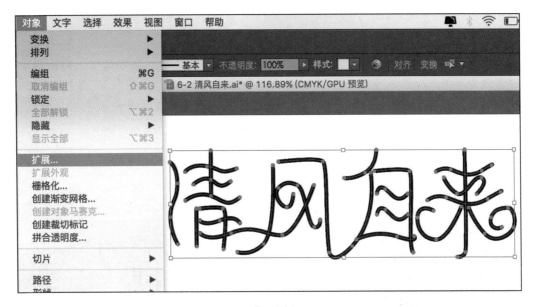

图　　6-34

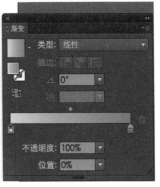

图　　6-35

图 6-36

　　使用工具栏中的混合工具。双击混合工具 ，在打开的"混合选项"对话框中设置混合步数，如图 6-37 所示。分别单击第一层文字和第二层文字，形成如图 6-38 所示的设计效果。细节展示如图 6-39 所示，最后可增加排版或背景效果来烘托气氛，如图 6-40 所示。

图 6-37　　　　　　　　　　　　　　　图 6-38

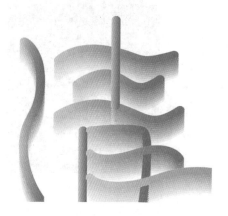

图 6-39　　　　　　　　　　　　　　　图 6-40

【随堂练习6-3】PROTFOLIO作品集文字设计

新建210mm×297mm横版画板，输入需要的文字，如PROTFOLIO（作品集）。选择一种适合的字体，并为文字创建轮廓，如图6-41所示。选中文字，右击并在弹出的快捷菜单中选择"镜像"命令，或者按字母O后再按Alt键，单击文字下方，进行文字水平镜像复制，如图6-42所示。

PROTFOLIO
作品集文字
设计

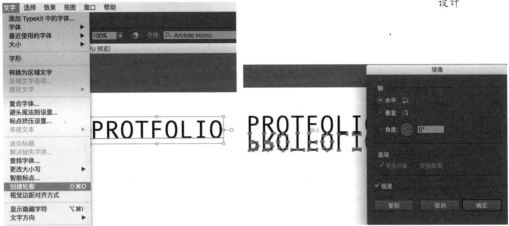

图 6-41　　　　　　　　　　　　　　图 6-42

在"窗口"中打开"符号"面板，将文字整体旋转90°并拖入"符号"面板，命名为"设计字1"，如图6-43所示。

图 6-43

使用椭圆工具，按Shift键绘制一个圆形，选择"效果"→3D→"凸出和斜角"命令，打开"3D凸出和斜角选项"对话框，如图6-44和图6-45所示。单击设置窗口中的"贴图"选中第三个面，并选择符号中的PROTFOLIO，通过微调匹配大小，选中"三维模型不可见"复选框，如图6-46和图6-47所示。后期通过"外观"面板再次调整设置，如图6-48所示。

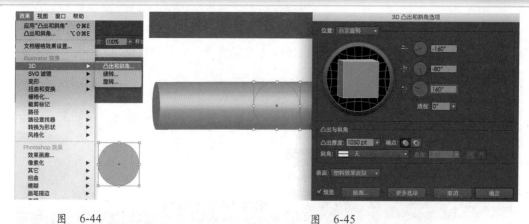

图　6-44　　　　　　　　　　　　　　　　　　图　6-45

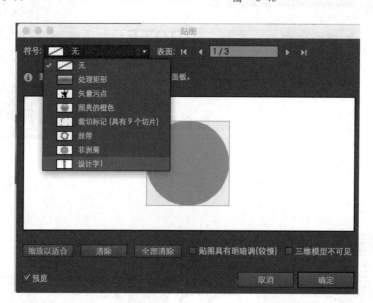

图　6-46

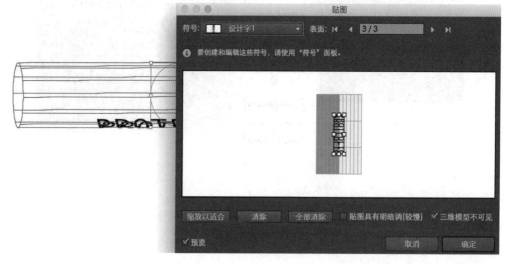

图　6-47

图　6-48

在成功建立卷曲文字后进行细节微调。通过对三维
对象进行外观扩展，取消编组，释放剪切蒙版，可以深入
调整文字形态。调整渐变色的节点，并设计文字色彩。
如前景为彩色，背景为深色。图 6-49 所示为前后两个文
字的颜色。

图　6-49

最后对文字进行设计排版，利用参考线（快捷键
Ctrl+R）完成作品集封面设计，如图 6-50 和图 6-51 所示。

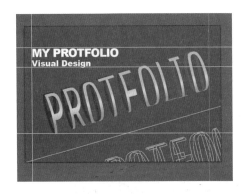

图　6-50

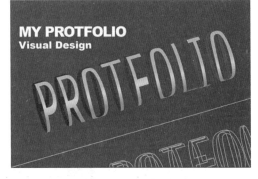

图　6-51

【随堂练习 6-4】多彩线条字体设计

新建 210mm×297mm 横版画板。绘制一条直线并为其设置属性，如图 6-52 所
示。按 Alt 键复制 5～6 条这样的线条，并设置不同色彩，调整纵向位置错开一些，如
图 6-53 所示。

多彩线条字体设计

图　6-52

图　6-53

准备好"画笔样式"面板，选中所有线条并进行拖曳。在"新建画笔"对话框中选中"艺术画笔"单选按钮，并设置相关参数。如图 6-54 所示为艺术画笔参数设置，伸展画笔以适合描边长度，并进行色相转换。

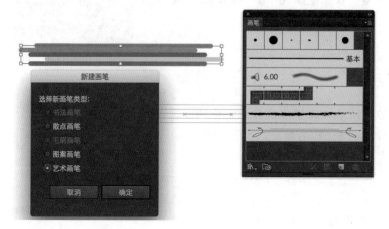

图 6-54

使用文字工具在页面中输入 2022，并使其变为描边。用快捷键 Ctrl+Shift+O 创建轮廓并配合套索选择工具，快速删除多余部分，或按照字体样式用钢笔画出文字路径。图 6-55 所示为将 2022 的文字变为路径文字。选择这些文字，使用新建的多彩画笔样式完成艺术文字的设计。注意前景色的选择会影响整体画笔的颜色，如图 6-56 所示，最终效果如图 6-57 所示。

2022
2022

图 6-55

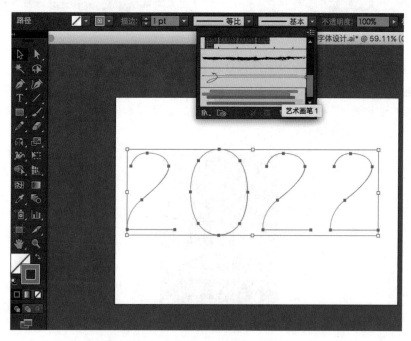

图 6-56

图 6-57

二、图表编辑

1．创建图表

用户可以通过选择图形工具并单击、拖动确定其大小，或利用弹出的对话框进行编辑。通过图表数据框可以输入相应数据，即在电子表格左上角的文本框里直接输入，然后按 Tab 键或 Enter 键确认即可。

（1）导入图表数据。Illustrator 支持导入制表位定界文本文件中的图形数据，如 Excel 中导出的数据。需要注意的是，导入的文本不能包含任何标点符号（除小数点外）。若文本已被千位分隔符格式化，则可能会出现错误的导入信息。

常规的"剪切""复制""粘贴"功能能够帮助用户快速将文字数据进行导入。而"图表数据"框中的"换位行／列"则能够用于切换数据的 X 轴和 Y 轴，而实现已经输入信息的行和列的交换。

（2）建立基本图表。创建基本图表。选择柱形图工具，单击空白设计区域并拖动以形成矩形区域，这一区域将成为图表的大小。释放鼠标左键，弹出图表数据框，如图 6-58 所示。输入相应数据，工作区域则变成与数据相对应的柱状图，如图 6-59 所示。若要重新填写数据，则选中该图表，右击并在弹出的快捷菜单中选择"数据"命令，在弹出的图表数据框中输入数据即可，如图 6-60 所示。

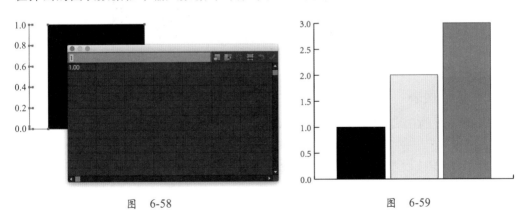

图 6-58　　　　　　　　　　　　　　　图 6-59

重新编辑后，单击图表数据框右上角的确认 ✔ 按钮，即可更新数据，如图 6-61 所示。

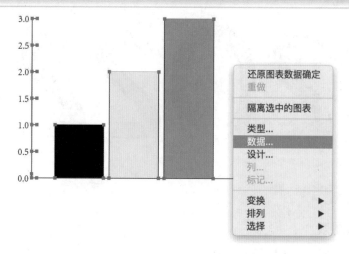

图　6-60

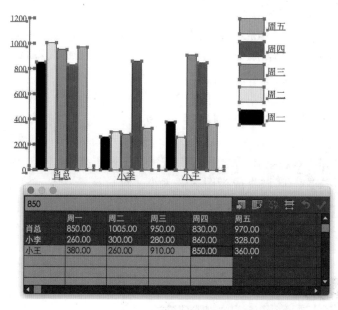

图　6-61

2．设计图表

Illustrator 的图背景和图案为用户提供了丰富图表的可能性。通过选择"对象"→"图表"→"类型"命令，可以快速灵活地在不同类型的图表样式中切换，包括柱形图、堆积柱形图、条形图、堆积条形图、折线图、面积图、散点图、饼状图、雷达图等，如图 6-62 所示。

（1）自定义图表元素。使用编组选择工具 ，可以选中图表的某一部分，并对其属性进行相应的修改，如图 6-63 和图 6-64 所示。

注意：若要选择"取消编组"命令，则会弹出警告对话框，如图 6-65 所示。未来将不可再对该图表进行数据或类型相关的修改。

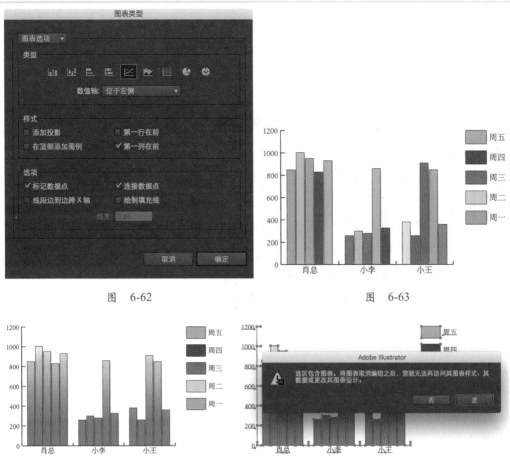

图　6-62

图　6-63

图　6-64

图　6-65

（2）自定义图标图案。先要设计或者直接选用 AI 中能够应用于图表中的图案，如图 6-66 所示。选择"对象"→"图表"→"设计"命令，通过"图表设计"对话框进行设置。在"图表设计"对话框中单击"新建设计"按钮，然后重命名该图案，如图 6-67 所示。

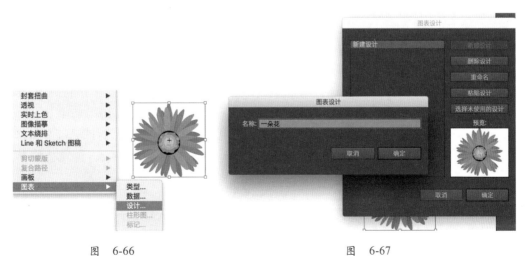

图　6-66

图　6-67

以上准备工作完成后，再应用自定义图标图案。选择要应用图案的图表，并选择"对象"→"图表"→"柱形图"命令，打开"图表列"对话框，如图 6-68 所示，列的类型有垂直缩放、一致缩放、重复堆叠、局部缩放四种。若选择重复堆叠，则可获得如图 6-69 所示的效果，即根据数据的垂直方向进行放大缩小，水平方向保持不变。

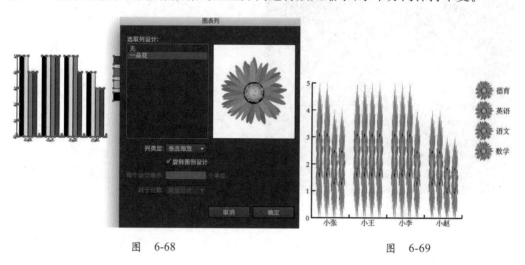

图 6-68　　　　　　　　　　　　图 6-69

若选择一致缩放，则可获得如图 6-70 所示的效果，根据数据大小对图表的自定义图案进行等比变化。

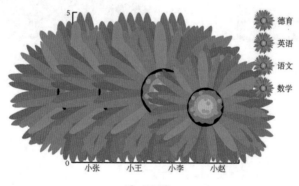

图 6-70

若选择重复堆叠，还需与 每个设计表示： ___个单位 和 对于分数： 缩放设计 选项结合使用，如图 6-71 所示（其中，"对于分数"选项包括截断设计和缩放设计，可以自行尝试两种设置的不同之处）。若选择局部缩放，该选项用于将图案进行部分的拉伸、压缩，如图 6-72 所示。

除了直接使用 AI 提供的符号作为图案外，也可以自己设计图案进行图表应用，如图 6-73 和图 6-74 所示，应用步骤同上。

3. 各种图表

AI 为用户提供了 9 种不同类型的图表，其中柱状图在设计区域左侧的工具栏中选择柱状图工具就可以创建，其他图表则可以通过单击柱状图工具下面的小三角并在下拉列表中进行选择，如图 6-75 所示。

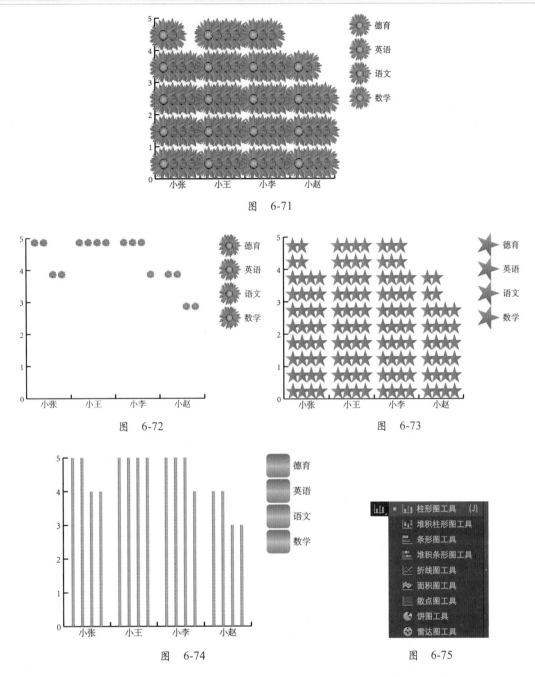

图 6-71

图 6-72

图 6-73

图 6-74

图 6-75

（1）柱状图。也称为条形图，适合于展示随着时间发生变化的数据。柱状图提供了不同数据统计的直接比较功能。若想调整柱状图的柱形宽度，可以选中该表格右击并在弹出的快捷菜单中选择"类型"命令，如图 6-76 所示。在弹出的"图表类型"对话框中对"列宽"进行调整，图 6-77 和图 6-78 所示分别为列宽为 20%、130% 的柱形表现。

在"列宽"选项组中的"簇宽度"数据可以用于对群集中的列占用多少可用的群集空间进行相应设计。80% 的默认值，意味着有 20% 的相对空间，如图 6-79 和图 6-80所示。通过调整"簇宽度"，可以得到不同宽窄的柱状图，如图 6-81 和图 6-82 所示。

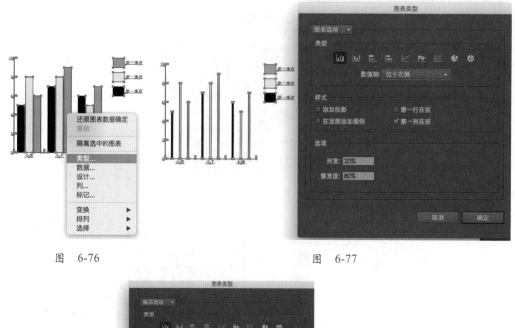

图 6-76   图 6-77

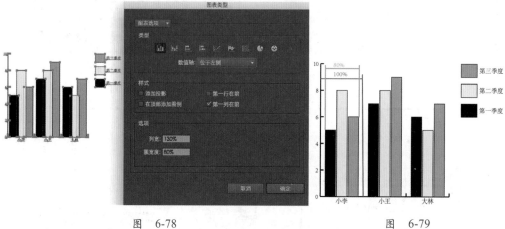

图 6-78   图 6-79

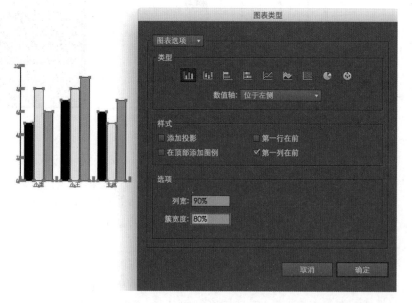

图 6-80

若想将表格的行、列数据进行调换，则单击图表数据框中的"换行换列"按钮，则可使两组数据调换，如图 6-85 所示。

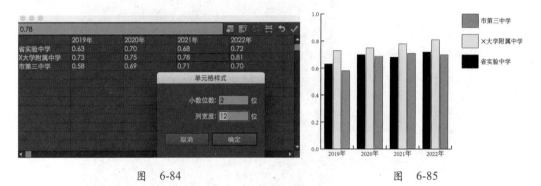

图 6-84　　　　　　　　　　　　　　　图 6-85

（2）堆积柱形图。用于表示各个类别总和及其组成部分的展示图表。不仅展示了与柱状图相同的信息，还可以看到所有图例的总和，如图 6-86 所示。

（3）条形图。其特点是用一个单位长度表示一定数量，而根据数量多少形成不同长度的矩形，也可以理解为横向的柱状图，如图 6-87 所示。

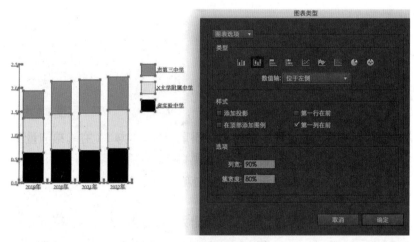

图　6-86

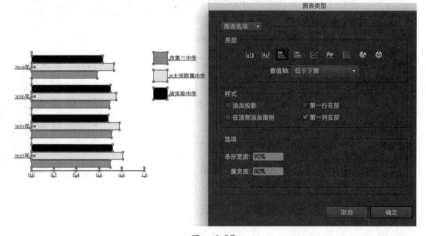

图　6-87

（4）堆积条形图。可以用来显示同一图表类型的序列，如图 6-88 所示。

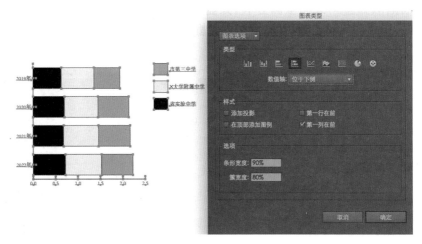

图　6-88

（5）折线图。展示了随着时间变化的数据趋势，如图 6-89 所示。其中，选中"标记数据点"复选框会强制数据以方块形式出现；若不选中，则只有数据点之间的线发生方向变化时才能看到，如图 6-90 所示，展示的是选中与取消选中"标记数据点"复选框的折线图。若选中"标记数据点"复选框，则会在数据点之间绘制线段。

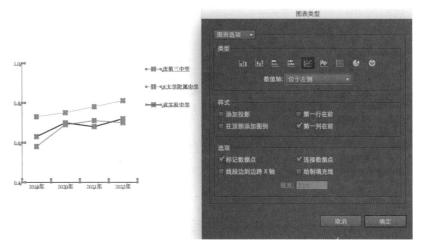

图　6-89

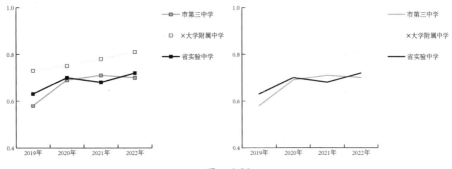

图　6-90

（6）面积图。可以理解为填充实色的折线图，可以更为清晰地看到数据的变化，如图 6-91 所示。

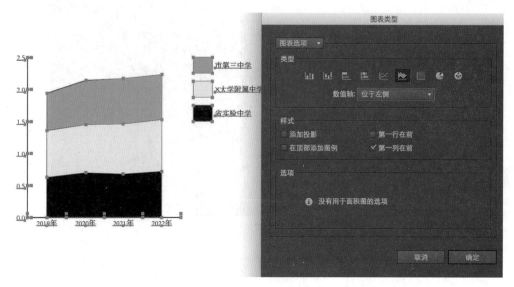

图　6-91

（7）散点图。根据 X、Y 轴坐标确定数据位置，而不是根据类别或标签确定位置，连接各个点就像连接折线图中的点。数据点位置产生的线可以与自己交叉，且不向特定方向延伸，将会以散点方式呈现，与其他图表呈现出截然不同的样式，如图 6-92 所示。

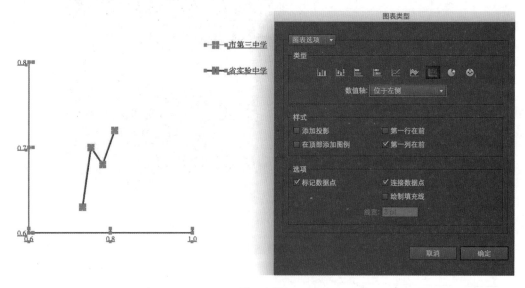

图　6-92

（8）饼状图。适用于展示数据的总和与百分比之间的关系，如图 6-93 所示。

（9）雷达图。展示了从中心位置的最高值向四周扩展的效果，如图 6-94 所示。

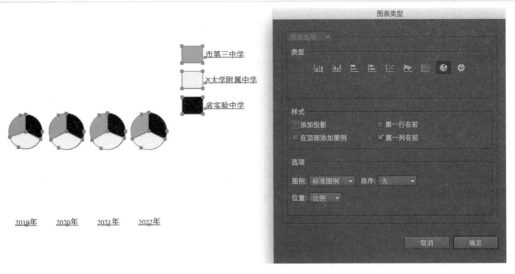

图　6-93

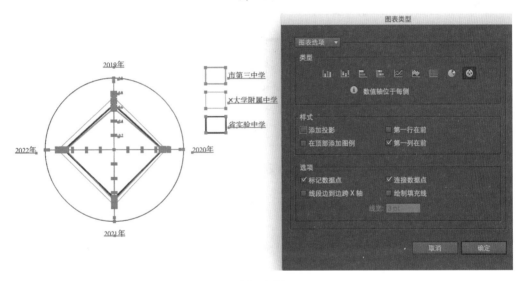

图　6-94

📑注意：对于这 9 种不同的图表，应当根据具体的数据多少和设计要求进行选择。对于 AI 来说，饼状图的设定不够完美，可能会出现相邻名称堆叠的情况。

第二节　使用 Illustrator 编排对象

一、使用Illustrator组织对象

1. 锁定对象

可以通过选择"对象"→"锁定"命令，锁定所选对象、上方所有图稿或其他图层，如图 6-95 所示。要将被锁定的对象变为可编辑对象，需选择"对象"→"全部解锁"命令。

图　6-95

【操作技巧】

快速锁定对象的方法如下。

锁定对象的快捷键为 Ctrl+2，取消锁定的快捷键为 Ctrl+Alt+2。当不想意外移动或更改某些对象时，不易选择在其他对象之下的路径时，或要将某元素插入某个临时区域时，都可以使用锁定命令。

需要注意的是，当锁定对象后，可能无法单独解锁某个对象，只能选择"全部解锁"命令。因此若想单独解锁某个对象，即建议使用"图层"面板来锁定特定对象，即选择"窗口"→"图层"命令，调出"图层"面板，并单击▶按钮，在图层对象列表中找到需要锁定的对象，双击进行锁定，如图 6-96 所示。已经锁定的对象列表前面会出现🔒的图标。也可直接单击该位置，实现快速解锁和锁定。

2．隐藏对象

选中需要隐藏的对象并选择"对象"→"隐藏"→"所选对象"命令，即可完成隐藏对象的操作。也可以按快捷键 Ctrl+3 来选择此命令，如图 6-97 所示。

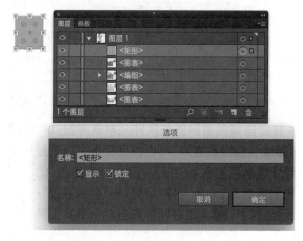

图 6-96

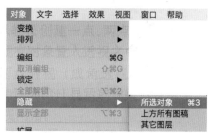

图 6-97

二、改变对象堆叠顺序

1．编辑对象堆叠顺序

对象的堆叠与图层堆叠的区别在于：对象指的是单个元素，而图层可以包括成百上千个单个元素。若想移动某一特定对象到不同的堆叠位置，可以选择"对象"→"排列"→"置于顶层"命令或选中该对象右击并在弹出的快捷菜单中选择"排列"→"置于顶层"命令，如图 6-98 和图 6-99 所示。

【操作技巧】

元素之间进行叠加排列的方法如下。

"排列"不仅为用户提供了快速"置于顶层"的选项，同时还有"前移一层""后移一层""置于底层"三种操作。四种不同的堆叠模式快捷键分别是 Ctrl+Shift+]、Ctrl +]、Ctrl +[、Ctrl+Shift+[。

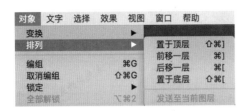

图　6-98　　　　　　　　　　　　　　　　图　6-99

2．在前、后位置粘贴对象

选择"编辑"→"贴在前面"命令或"编辑"→"贴在后面"命令，或按快捷键 Ctrl+F、Ctrl+B，可以实现将对象粘贴到设计需要的适合位置。这两种粘贴方式都属于原位复制。若想看到变化，可以对选中的复制图形进行描边以及颜色的更改。如图 6-100 所示，复制绿色矩形，并选择"贴在后面"命令，将新的矩形改为红色填充及花色描边，通过"图层"面板可以看到上下堆叠效果。

图　6-100

3．使用图层面板控制对象

通过选择"窗口"→"图层"命令可以调出"图层"面板，用户可对当前文档中各个元素的图层状态一览无余，如图 6-101 所示。

利用图层工具安排组织设计的不同元素，可便于后续的编辑。对这些图层可以进行隐藏、锁定、定义不同颜色等操作，也可以进行创建、删除或移动堆叠次序等操作。

（1）新建和组织图层元素。AI 默认只有一个图层，通过新建图层，移动已有元素，可以将设计的各个元素以图层形式组织起来，如图 6-102 所示。

（2）为图层设定颜色。图层最方便的功能是创建颜色编码，通过双击图层面板上的图层缩略图按钮▶　，即可为一个图层定义颜色，如图 6-103 所示。为不同图层设定不同颜色，在后续编辑中，也可以方便用户观察这一元素属于哪一图层。因为不同图层的颜色会直接显示在元素的控制线上（默认是蓝色线），如图 6-104 所示，红、绿、蓝三种颜色的图层对应着三种颜色的设计元素控制线。

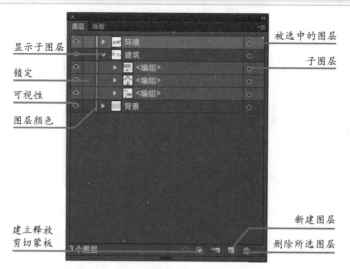

显示子图层 — 被选中的图层
锁定 — 子图层
可视性
图层颜色
建立释放剪切蒙板 — 新建图层
删除所选图层

图　6-101

图　6-102

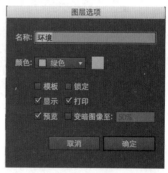

图　6-103

图　6-104

（3）轮廓化显示图层元素。按快捷键 Ctrl+A 单击图层上的眼睛图标，则所有在该图层下的元素变为轮廓模式，如图 6-105 所示，而此时眼睛图标的状态显示为图标。

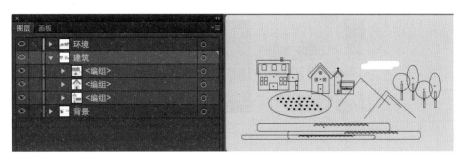

图　6-105

三、对齐和标尺的使用

1．对齐和分布

（1）对齐对象。选择"窗口"→"对齐"命令，可以调用"对齐"面板。也可以选中需要对齐的对象，在对象属性栏的右侧找到"对齐"按钮，如图 6-106 所示。在使用对齐功能时会将路径、文字对象、编组作为一个整体对象，功能十分方便。支持水平左对齐、水平居中对齐、水平右对齐、垂直顶对齐、垂直居中对齐、垂直底对齐六种对齐模式。根据设计的具体情况选择适合的对齐方式，可以快速整理好设计界面的元素，如图 6-107 所示，所有元素垂直顶对齐。

（2）分布对象。在对齐面板中，还内置着分布对象的功能。一般来说，可以配合对齐功能使用，将设计元素组织成既对齐又平均分布的状态，如图 6-108 所示。分布功能，也有六种分布模式，包括垂直顶分布、垂直居中分布、垂直底分布、水平左分布、水平居中分布、水平右分布。

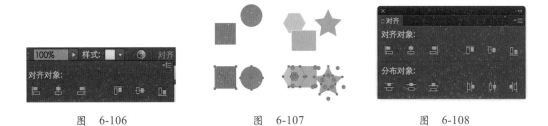

图　6-106　　　　　　　图　6-107　　　　　　　图　6-108

【操作技巧】

快速垂直对齐和平均分布对象的方法如下。

使用"对齐"面板可以快速使对象进入设计要求的状态。首先选中需要对齐的元素，然后单击"水平居中对齐"按钮，可以先将散乱的元素对齐，如图 6-109 所示。在此基础上继续保持元素选中的状态，单击"垂直居中分布"按钮，如图 6-110 所示，即可获得整齐排列、平均分布的对象。分布的距离是由首尾两个设计元素之间的距离确定的，因此若想让分布之间的间距稀疏，可以按 Shift 键拖动最后一个元素至合适位置,则可得到不同疏密的分布对象,如图 6-111 所示。

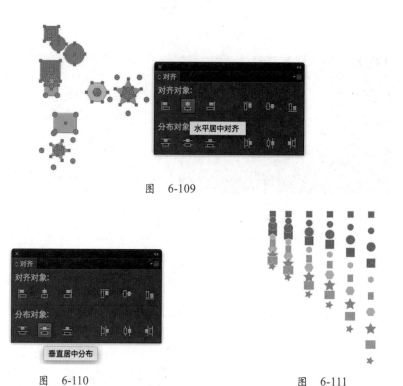

图　6-109

图　6-110

图　6-111

2．标尺的使用

（1）度量对象。在 AI 软件里,若想得到精确的度量数据,用户可以通过使用度量工具和"变换面板",以及沿着文档窗口测量标尺等方法来实现。

① 设置度量单位:AI 默认的度量单位是"点"。若想改为英寸、厘米、毫米或像素、派卡,则有两种方法可以实现修改。

第一种方法是使用首选项进行参数设置。选择"编辑"→"首选项"命令,在打开的对话框中单击选择"单位"选项,选择需要的度量单位即可。这种修改将会应用于以后所有的文档,如图 6-112 所示。第二种方法是使用"文档设置"菜单进行修改。选择"文件"→"文档设置"命令,并在打开的"文档设置"对话框中进行相关度量单位的设置。这种设置只会针对当前文档发生改变,如图 6-113 所示。

② 使用度量工具:使用度量工具可以精确测量对象。度量工具隐藏在工具栏的吸管工具下。单击右下角的三角可以打开度量工具。单击并从 A 点拖曳到 B 点,即可获得测量数据。信息面板显示着第一次单击的点和单击的下一个点之间的距离,如图 6-114 所示。

③ 使用"变换"面板:选择"窗口"→"变换"命令,调出"变换"面板。可以按照设计要求,对选中对象的高度、宽度、坐标位置、旋转、倾斜等进行设置,如图 6-115 所示。

④ 标尺测量:选择"视图"→"显示标尺"命令,可以打开标尺。再次选择"视图"→"隐藏标尺"命令,可以关闭标尺。按快捷键 Ctrl+R,则可以在开启和关闭标

尺之间快速切换。标尺的默认坐标原点在左上角 ■。若要移动原点到特定位置,可以从这一点拖曳出两条垂直交叉的参考虚线,并在确定的某位置放开鼠标左键,如图 6-116 所示。继续拖曳参考线到需要测量的位置,即可读出标尺的数值,如图 6-117 所示。

图　6-112

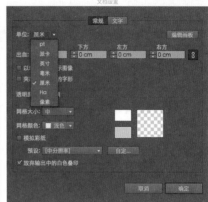

图　6-113

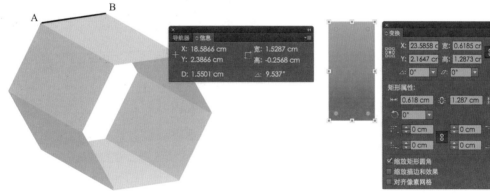

图　6-114

图　6-115

图　6-116

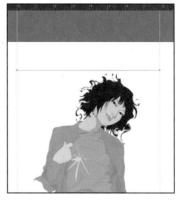

图　6-117

（2）使用参考线。利用参考线用户可以快速对齐作品，或是更清晰直观地看到各元素之间的位置关系。虽然参考线在打印时不可见，但它会随着文档保存下来。

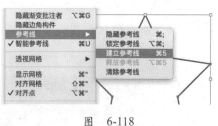

① 创建参考线：第一种方法是直接从标尺中拖曳出参考线，放置在适合位置。第二种方法是选择已建立的路径，选择"视图"→"参考线"→"建立参考线"命令，可以把它变成参考线，如图 6-118 所示。

图 6-118

注意：被建立为参考线的路径，不再具备描边、填充、缩放等设计功能。

② 编辑参考线：对于锁定与解锁操作，选中特定参考线，选择"视图"→"参考线"→"锁定参考线"命令。相应地解锁参考线，则需要右击并在弹出的快捷菜单中选择"解锁参考线"命令即可，或按快捷键 Ctrl+Alt+";"。

对于释放参考线操作，是将参考线变为一个可以被编辑的对象。被释放的参考线具有了普通对象的属性和控件轮廓线，如图 6-119 所示。

对于更改参考线颜色操作，选择"首选项"命令，在弹出的对话框中选择"参考线和网格"部分，在此处可以修改参考线的颜色和样式，如图 6-120 所示。

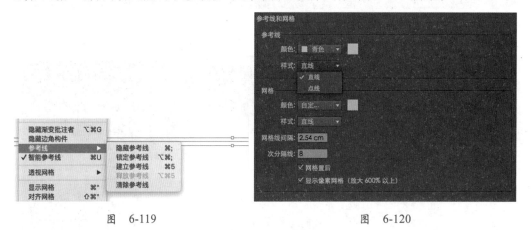

图 6-119　　　　　　　　　　图 6-120

对于隐藏和删除参考线操作，选中需要隐藏的参考线，选择"视图"→"参考线"→"隐藏参考线"命令，可以隐藏暂时不需要的参考线。若要彻底删除全部参考线，选择"视图"→"参考线"→"清除参考线"命令即可。而如果只想删除特定参考线，则需要按快捷键 Shift 的同时单击选择多条参考线，或直接拖曳选框选择多条参考线。

③ 智能参考线：激活智能参考线。智能参考线用于帮助用户进行更便捷的设计表现。从创建形状、对齐对象，到轻松地移动和变换对象，都少不了智能参考线的帮助。选择"视图"→"智能参考线"命令，或直接按快捷键 Ctrl+U，即可激活智能参考线。

在"首选项"对话框中选择"智能参考线"选项，可对智能参考线参数进行设置，如图 6-121 所示。

- 对齐参考线：选中该选项后当移动对象时，对象会自动对齐到智能参考线。
- 锚点/路径标签：选中该复选框后，选择"视图"→"智能参考线"命令，挪动对象位置时，会显示出锚点或路径信息。

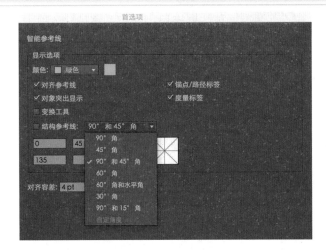

图　6-121

- 对象突出显示：选中该选项后，被选择的对象周围会出现蓝色边框。
- 变换工具：选中该选项后，在变换对象时，显示出相对于操作基准点的信息。
- 结构参考线：选中该选项后，操作对象时将显示出新参考线引导。
- 角度数值框：可以在下拉列表框中选择在何种角度显示文本提示。
- 对齐容差：当光标与对象距离小于某一数值时（系统默认为4pt），会自动显示智能参考线。

（3）使用网格。

① 创建网格：网格为用户提供了简单的方法来对齐、定位、组织图像。在"视图"下拉菜单底部，有显示网格、对齐网格、对齐点三个命令。对应的快捷键为Ctrl+"、Ctrl+Shift+"、Ctrl+Alt+"，其中对齐点功能用于将被拖动的对象对齐到另一个对象的点。

② 设置网格：通过修改网格的"首选项"参数，可以更改其颜色、样式和间隔，如图6-122所示。其中，"颜色"可以从弹出的下拉列表框中进行选择；"样式"可以在点线、直线间切换；在"网格线间隔"文本框中输入数值以改变每条线间的间隔；在"次分隔线"文本框中输入值可以确定在主线之间创造多少条次级分割线；选中"网格置后"复选框之后，则会在作品后面显示网格。

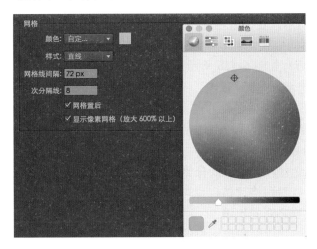

图　6-122

③ 旋转网格：在"首选项"对话框中单击选中"常规"选项卡，更改"约束角度"则可以得到一个自定义角度的网格，如图 6-123 所示。

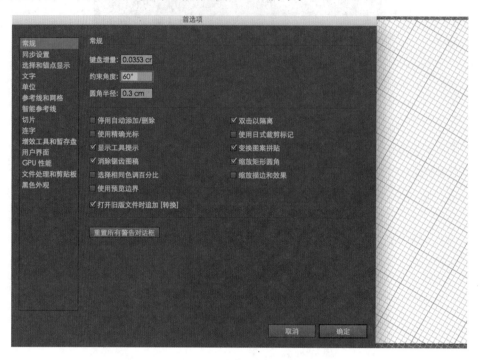

图　6-123

（4）透视网格。利用透视网格的数据设置可以轻松创建一点、两点、三点透视的视觉效果。在透视网格中，可以直接创建对象或将现有对象置入透视之中。

① 透视网格介绍：AI 中的透视网格默认为两点透视（成角透视）。选择"视图"→"透视网格"→"显示网格"命令，或按快捷键 Ctrl+Shift+I 显示或隐藏透视网格。在左侧工具箱中单击透视网格工具█，也可显示透视网格。

透视网格工具组包括透视网格工具和透视选区工具。选中透视网格工具后，会出现"平面切换构件"和"透视网格视图"，如图 6-124 所示。

双击透视网格工具，弹出"透视网格选项"对话框，可以设置构件的位置等相关参数，如图 6-125 所示。在透视网格中，活动平面指的是其上绘制对象的平面，通过构件可以切换显示不同的视图部分（包括无活动的网格平面、左侧网格平面、右侧网格平面、水平网格平面），如图 6-126 所示。

② 透视网格定义：选择"视图"→"透视网格"→"定义网格"命令，弹出"定义透视网格"对话框，可以根据设计需求对透视网格进行定义，如图 6-127 所示。其中，有三种可选择的透视类型，即一点透视、两点透视、三点透视，如图 6-128 所示。除名称、类型外，其他参数详解如下。

- 单位：可以选择厘米、英寸、像素、磅。
- 缩放：可以查看网格比例；也可通过"自定缩放"自行设置度量比例，指定画板与真实世界之间的比例。
- 网格线间隔：规定网格单元格的大小。

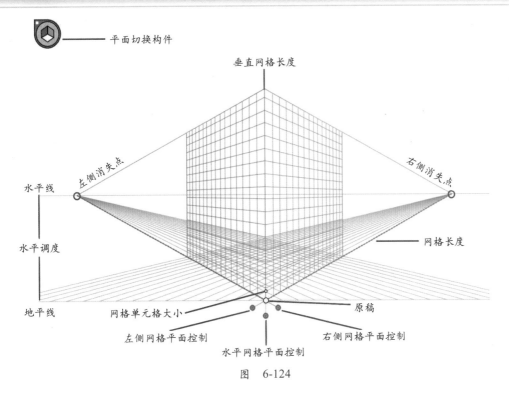

平面切换构件

垂直网格长度

左侧消失点

右侧消失点

水平线

网格长度

水平调度

地平线

网格单元格大小

原稿

左侧网格平面控制

右侧网格平面控制

水平网格平面控制

图 6-124

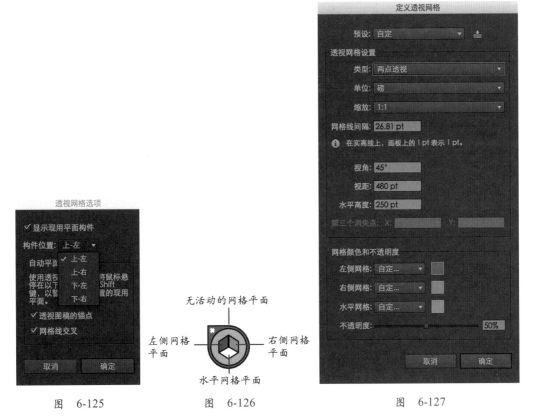

图 6-125　　　　图 6-126　　　　图 6-127

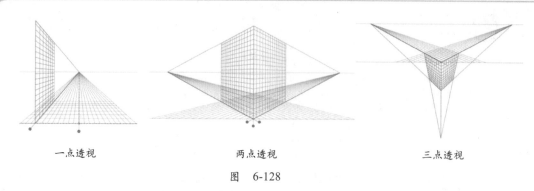

一点透视   两点透视   三点透视

图 6-128

- 视角：默认的成角透视角度为 45°。这里的视角为 45°，指的是透视图中放置的虚拟立方体的左右两侧消失点的位置与观察者视线距离相等。若视角大于 45°，则右侧消失点距离视线更近；若视角小于 45°，则左侧消失点距离视线更近，如图 6-129 所示。

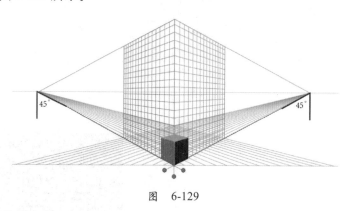

图 6-129

- 视距：观察者与场景之间的距离。
- 水平高度：观察者的视线高度。而水平线距离地平线的高度也会在智能引导读出器中显示。
- 第三个消失点：若启用三点透视，则会显示此选项。
- 左侧网格、右侧网格、水平网格：可以在下拉列表中更改颜色或使用拾色器自定义颜色。
- 不透明度：使用滑块更改不透明度，方便看清楚编辑对象。
- 存储预设：单击"预设"选项右侧的按钮，可将自定义设置的网格保存为预设。

（5）在透视网格中绘制对象。

在使用矩形工具或线段工具时，可以按 Ctrl 键切换到透视选区工具。在绘制时，不能多个选区同时绘制。因此要在哪个选区绘制，就确保平面切换构件的哪个部分高亮显示，如图 6-130 ~ 图 6-132 所示。除了直接绘制外，也可以像常规模式一样，为对象设置宽高值，表示的是该对象在真实世界中的大小。

📞【操作技巧】

（1）开启智能参考线。

在利用透视网格绘制图形时，可以开启智能参考线（快捷键 Ctrl+U）使对线点、线更加与透视网格贴合。

（2）添加已有对象。

首先，确定要放置的平面。可以按快捷键：1 为左平面、2 为水平面、3 为右平面。其次，使用透视选区工具 ，选中紫色矩形，拖入透视网格即可，如图 6-133 所示。选择"对象"→"透视"→"通过透视释放"命令，可以释放对象。

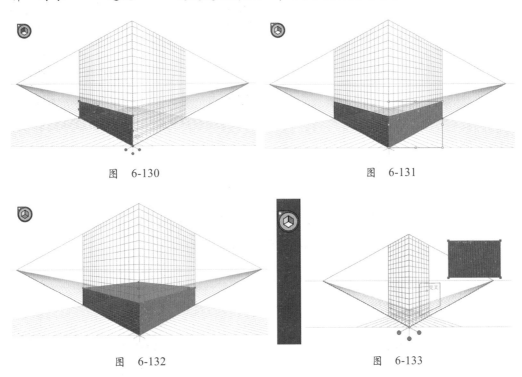

图　6-130　　　　　　　　　　　　　图　6-131

图　6-132　　　　　　　　　　　　　图　6-133

【随堂练习 6-5】利用透视网格绘制场景

新建 210mm×297mm 横版画板。先绘制一个与画板等大的矩形，并填充渐变颜色，如图 6-134 所示（渐变类型为线性渐变，颜色、角度、不透明度自定）。

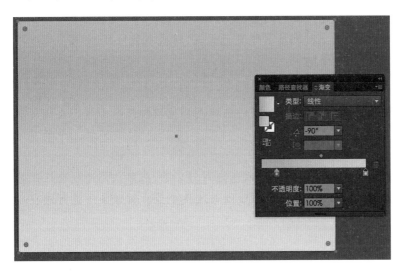

利用透视网格绘制场景

图　6-134

选择"视图"→"透视网格"→"一点透视"命令，创建透视网格，如图 6-135 所示。根据设计需要，使用透视网格工具，选择节点进行透视网格调整，如图 6-136 所示。

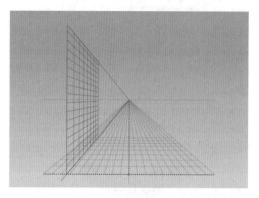
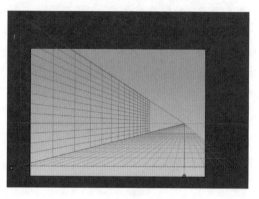

图　6-135　　　　　　　　　　　　　图　6-136

在工具栏中选择矩形工具，开始绘制街景店铺的框架，如图 6-137 所示。

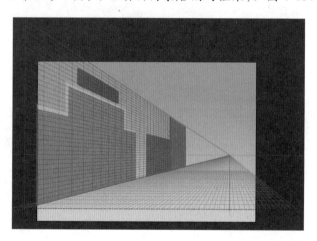

图　6-137

在设计细节时，如需要增加透视图的网格，则选择"视图"→"透视网格"→"定义网格"命令，在弹出的对话框中对网格间隔进行设置，缩小参数即可，如图 6-138 所示。继续为房屋增加门窗、侧面等细节，如图 6-139 所示。

👆【操作技巧】

通过"视图"→"智能参考线"命令，可以选择是否使用智能参考线。在设计细节时，有些情况不需要自动贴合线条，即可关闭该功能。另外，"透视网格"中的"对齐网格"功能也可以根据设计需要开启或关闭。

文字不能直接在透视图中创建。但是可以预先写好文字，然后使用透视选区工具，选中要添加的文字，在相应位置添加。还可以通过各个节点对该文字进行透视效果微调，如图 6-140 所示。

透视网格使用完成后，选择"视图"→"透视网格"→"隐藏网格"命令。再对所有设计对象进行微调，增加装饰和文字编排。图 6-141 所示为设计的最终效果。

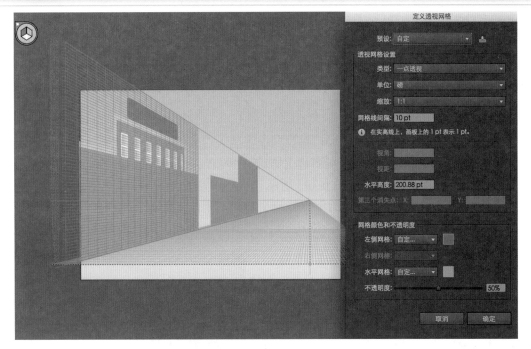

图　6-138

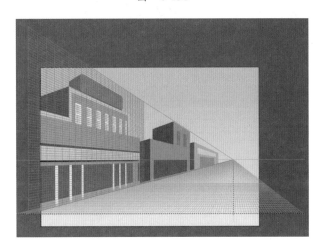

图　6-139

图　6-140

图　6-141

四、剪切蒙版

使用剪切蒙版可以挡住设计中不需要显示的对象。剪切蒙版支持开放的、封闭的、复合的路径。蒙版对象必须在目标遮挡对象之上才可以发挥作用。

1．创建蒙版

新建文字 SKY 作为蒙版对象，并找到一张蓝天白云的图片，拖曳到 AI 设计区域，如图 6-142 所示。将文字放置在图片上方，选中两者，右击并在弹出的快捷菜单中选择"建立剪切蒙版"命令，如图 6-143 所示。最终得到如图 6-144 所示的效果。

剪切蒙版建立后，若想对图形位置进行微调，则使用直接选择工具（快捷键 A）拖曳调整图片位置即可，如图 6-145 所示。

图 6-142

图 6-143

图 6-144

图 6-145

2．释放蒙版

选择蒙版对象，右击并在弹出的快捷菜单中选择"释放蒙版"命令，或选择"对象"→"剪切蒙版"→"释放"命令。如果在设计过程中有多个对象，难以确定哪一个是剪切蒙版，可以按快捷键 Ctrl+A 全选对象，然后释放剪切蒙版。

3．蒙版与复合路径

蒙版只能是一条路径，除了单纯的矩形、星形等，若需要对一个对象建立两个及以上的形状蒙版，可以使用复合路径来实现。将准备作为蒙版的三个对象选中，右击并在弹出的快捷菜单中选择"建立复合路径"命令，如图 6-146 所示。再次选择这条复合路径和下方的图片，右击并选择"建立剪切蒙版"命令，如图 6-147 所示。

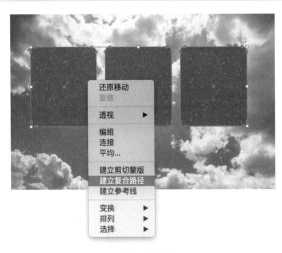

图　6-146

图　6-147

【随堂练习6-6】使用蒙版设计国风版面

新建 50mm×50mm 的文档，并填充适合的颜色作为画面底色。将图片拖入设计区域（该图为仇英的《桃源仙境图》局部），如图 6-148所示。选取适合的位置摆放圆形蒙版形状，降低圆形的透明度，并创建蒙版，如图 6-149 所示。

使用蒙版设计国风版面

图　6-148

图　6-149

摆放圆形蒙版，增加文字内容，最终效果如图 6-150 所示。

【操作技巧】

嵌入图像的方法如下。

将图片拖入设计区域后，默认是链接模式，如果后续不再对源图片进行修改，即可将该图嵌入文档中，以免在建立蒙版后忘记嵌入，而在转存、重命名的过程中，丢失图片。判断一张图片是否嵌入的方法是看它是否有蓝色对角线，如图 6-151 所示。

图　6-150

嵌入　　　　　　　　　　　　　未嵌入

图　6-151

第三部分

视觉传达设计实践

第七章 插画设计

综合使用 Illustrator 绘图工具组中的钢笔工具、画笔工具、形状工具、渐变工具等，可以进行矢量插画的设计与表现。插画线稿的创建方式有三种：通过降低草图透明度描摹线稿；使用实时描摹工具描摹线稿，直接使用矩形工具组；钢笔工具描摹线稿。根据具体的设计情况来确定线稿创建的方式。颜色的填充主要有单色、渐变色填充两种方式。与位图插画相比，矢量插画的风格更偏向于扁平和简约。

第一节 人物插画设计

本案例制作中国风少女插画，运用到钢笔工具、画笔工具、网格工具等，锻炼学习者综合使用各种工具和命令的能力。

本案例先绘制设计草图、线稿，用钢笔、画笔工具绘制轮廓线条，再用平涂、网格、渐变等方式进行颜色填充。利用元素之间的叠加关系，形成具有层次感的设计效果。最后微调线条、颜色等细节，形成完整的画面效果。

一、线条绘制

1. 根据草图绘制线稿

使用 Photoshop 和数位板，或者直接使用铅笔和纸张，绘制轮廓线条图，如图 7-1 所示。

人物插画设计

2. 新建 297mm×210mm 的竖版文件

将绘制好的轮廓线条图拖入设计区域，并调整到适合大小，如图 7-2 所示。选中该图片，选择"对象"→"锁定"→"所选对象"命令，锁定后，更方便进行接下来的拓印。还可以新建与背景等大的矩形，填充设计要求的背景色，并锁定。

3. 使用钢笔工具 绘制线条

在绘制前要调整好描边大小，再使用等比调整线条类型。还可以用宽度工具调整线条粗细，如图 7-3 所示。

图 7-1

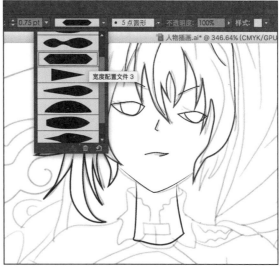

图　7-2　　　　　　　　　　　　　　　　图　7-3

【操作技巧】

钢笔设置方法如下。

选择不同的宽度工具和不同画笔定义,会出现粗细、样式、首尾端点不同的线条样式。设计师可以根据设计需要多尝试几种线条的表现形式。本例使用 进行了大部分的线条表现。

使用钢笔工具进行绘制,完成头部绘制后,全选线条,并统一线条的宽度设置,如图 7-4 所示。

图　7-4

二、平涂上色

1. 为线条上色

上色并调整每一个元素的前后位置，使其与设计想法一致，如图 7-5 所示。也可以将需要叠放到底层的元素置于底层，若想快速调整位置，则可以按快捷键 Ctrl+[，或者按 Ctrl+]（前移一层、后移一层）。根据个人设计习惯，更改叠放方式。继续绘制人物，并为画完的内容填充颜色，如图 7-6 所示。

图　7-5

图　7-6

2. 再画人物服装

可以选择已经绘制的部分，并更改其透明度，以便于能更精确绘制其上的花纹和褶子线条，如图 7-7 所示。继续绘制，并注意服装和身体的叠放次序，如图 7-8 所示。

图　7-7

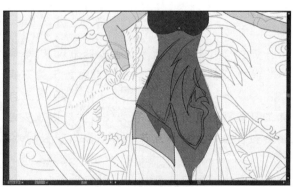

图　7-8

放大观察线条细节,可以对端点和边角进行定义,如图 7-9 和图 7-10 所示,不同定义下的端点有平、圆润之分。

图　7-9　　　　　　　　　　　　　图　7-10

继续绘制人物,并逐层填充颜色,如图 7-11 和图 7-12 所示。熟练使用抓手工具、快捷键 Ctrl+Space、快捷键 Ctrl+Alt+Space,进行移动、放大、缩小操作。

图　7-11　　　　　　　　　　　　　图　7-12

【操作技巧】

钢笔工具的使用方法如下。

用钢笔工具画出一点,在画第二点时拖动鼠标,可以形成弧线,要多加练习,弧线之间的衔接才能变得更加自然。需要注意的是,如果想继续画直线,则需要在端点上按 Alt 键并单击,再继续画直线。

181

当绘制的元素过多时，可以将它们按照具体设计情况编组，方便以后的整体编辑和修改，如图 7-13 所示。

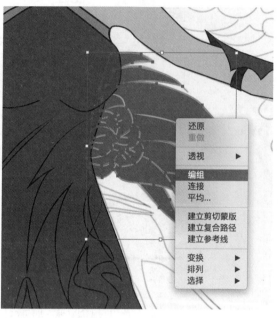

图　7-13

3．快速群组对象

通过编组可以快速将选中的群组移动位置，如图 7-14 所示。主要使用钢笔工具，同时结合 Alt 键、叠放顺序、填充与描边等基本功能，完成主体绘制，如图 7-15 所示。

图　7-14

图　7-15

4．使用画笔工具

在使用画笔工具时往往配合数位板工具。首先安装数位板，然后选择画笔工具，即可进行自由描绘。本例的背景图案云纹和扇子等元素是使用画笔工具完成的。画笔工具的可选样式有很多种，包括图像画笔、毛刷画笔、矢量包、箭头、艺术效果、装饰、边框等，如图7-16所示。调出画笔库，可根据设计进行尝试和选择，如图7-17所示，选用艺术效果画笔，可以得到不同的画笔效果，出现笔触、肌理等感觉。

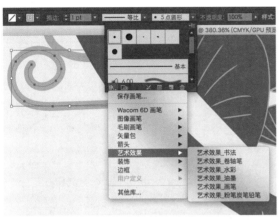
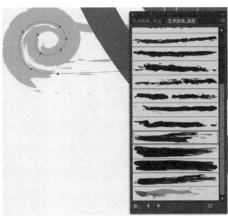

图 7-16 　　　　　　　　　　　　　　 图 7-17

检查所有笔触、线条、填充，完成平涂的设计效果，如图7-18所示。在此基础上，可以继续对笔触的表现效果进行修改和设计，如图7-19所示，通过改变笔触为带有粗糙肌理的形式，画面的整体效果会更加饱满。

图 7-18 　　　　　　　　　　　　　　 图 7-19

三、丰富细节

1．服装图案微调和描边

如图 7-20 所示，对于服装的图案的创作使用艺术效果画笔，形成具有肌理变化效果的线条。使用金色与红色的服装达到相映成趣的效果。

2．通过网格工具丰富插画颜色层次

按快捷键 Ctrl+V、Ctrl+F 原位复制，可在原先的元素之上原位复制一次，方便进行后续修改和微调。选中新复制的元素，使用网格工具，建立网格。通过单击适当位置，进一步建立较为细腻的网格，并对节点添加较深的红色，如图 7-21 所示。

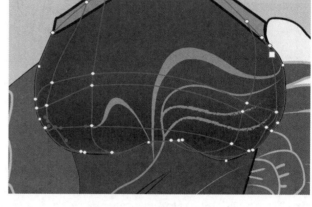

图 7-20 　　　　　　　　　　　　　　　图 7-21

选中躯干部分，继续原位复制，并建立适合身体曲线的网格，如图 7-22 所示。通过网格自带的选择工具，或用工具栏中的直接选择工具，都可以选择某一网格点，并对其进行移动和微调。腿部也使用网格搭建适合的线条并上色，如图 7-23 所示。

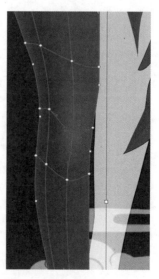

图 7-22 　　　　　　　　　　　　　　　图 7-23

3．使用渐变工具

通过渐变工具画面可呈现更多的色彩细节，图 7-24 ～图 7-26 所示是将服装绲边用 3 ～ 4 种渐变同类色装饰。

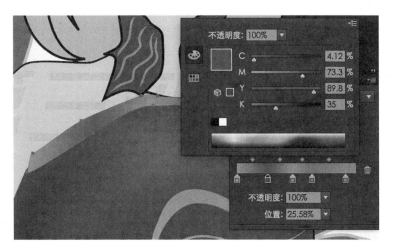

图　7-24

图　7-25

图　7-26

对人物胳膊、腿部可以使用渐变工具、钢笔工具勾画阴影相结合，形成具有立体感的效果，如图 7-27 所示。头发和面部、五官，也可以继续微调，体现出一种光影的质感，如图 7-28 所示。

4．整理和微调

在绘制的最后阶段，主要是对一些细节和内容进行检查、微调，以保证作品的风格、色彩、内容的完整和统一。最终效果如图 7-29 所示。

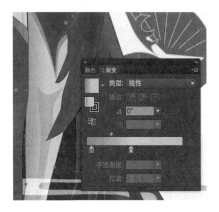

图　7-27

图　7-28　　　　　　　　　　　　　　　　　图　7-29

第二节　装饰风格插画设计

　　本案例制作以山西博物馆镇馆之宝晋侯鸟尊为灵感来源的插画设计。运用到钢笔工具、画笔工具、渐变工具及"描边设置"等命令。

　　本案例先绘制设计草图和线稿，并将图片导入 Illustrator，通过钢笔工具或使用数位板连接画笔工具，准确描摹线稿，再使用网格工具、渐变工具及"描边设置"等命令表现色彩。

一、线条绘制

1．本插画灵感来源于西周晋侯鸟尊

　　以此青铜器为原型，进行装饰风格插画设计。根据草图使用 Photoshop 和数位板，或者直接使用铅笔和纸张，绘制轮廓线条图，如图 7-30 所示。

2．新建和拓印

　　新建 297mm×210mm 的画板，并将线条图置入其中。调整线条图的透明度，方便拓印和描绘。先从主体图形开始描绘，可以根据设计师自身偏好以及图形的具体情况，灵活使用钢笔工具或画笔工具进行线条表现，如图 7-31 所示，默认的钢笔线条较细，画笔线条较粗，可以适当调整参数，使其统一。

　　当所绘制线条较长时，使用画笔工具难以把控全局，此时适合使用钢笔工具，通过拖曳鼠标形成圆润的弧度，进行绘制，如图 7-32 所示。继续绘制插画的主体部分，如图 7-33 所示。

装饰风格插画设计

图　7-30　　　　　　　　　　图　7-31

图　7-32　　　　　　　　　　图　7-33

【操作技巧】

描边设置的方法如下。

绘制羽毛时，会出现尖角描边，如图7-34所示。这时可以通过选择"窗口"→"描边"命令更改描边的边角模式 边角：□□□ 为第二个 □，则可以获得较为圆润的边角。

图　7-34

3．注意线条的闭合关系

保证线条闭合后基本能符合预期效果，需要对画面放大，进行细节的描绘，如图7-35所示。

依次绘制画面中的线条，钢笔工具、画笔工具相结合使用，熟练使用矩形工具、椭圆工具、弧线工具、螺旋线工具等。另外，注意参数及边角细节调整，以及线稿的整体性和准确性。最终获得如图7-36所示的线稿图。

图　7-35　　　　　　　　　　　　　　　图　7-36

二、平涂上色

1．快速表现整体色彩关系

如图 7-37 所示，先为画面的背景铺上渐变色，使用紫色、玫瑰红色营造落日夕阳的神秘和复古的氛围。继续为背景中的太阳上色，如图 7-38 所示。选中目标图形，使用左侧工具栏的渐变工具，在其上进行拖动，可以更细致地微调方向、渐变的长度等参数。

图　7-37

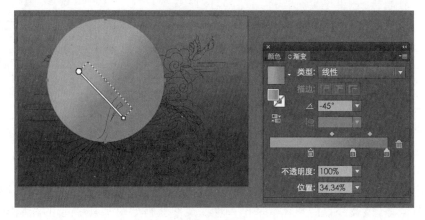

图　7-38

图　7-39

为主体图形晋侯鸟尊上色。以同色系的橙色为主，不必拘泥于个别色块。先对整体进行有色调的把握，后续再调整个别内容即可，如图 7-39 所示。

2．调整元素前后关系

在橙色、紫色对比的大氛围下，为所有的元素上色。注意每个元素的前后关系。如图 7-40 所示，选中对象，右击并在弹出的快捷菜单中选择"置于顶层"或"置于底层"命令。当元素特别多时，建议先将元素置于底层，再通过快捷键 Ctrl+[或 Ctrl+] 迅捷地移动和微调对象层次。初步上色效果如图 7-41 所示。

图　7-40

图　7-41

三、丰富细节

1．扩展和描边

当对一个元素需要不止一层进行描边时，可以将其选中，选择"对象"→"扩展"命令，这一命令可以使一条描边直接成为一个可以被编辑的形状。图 7-42 所示分别为直线扩展、曲线扩展后的效果，注意红圈里的内容，描边在扩展后增加了多个锚点。扩展后的描边具备所有图形的属性，因此相应地可以拥有新的

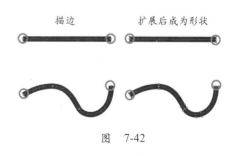

图　7-42

描边。图 7-43 所示为先扩展该描边，后对扩展后的新图形增加描边，获得图 7-44 所示的效果。依次把需要双重描边的内容都进行表现。

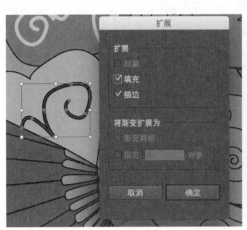

图　7-43　　　　　　　　　　　　　　　图　7-44

2．原位复制和描边

另外一种增加描边层数的方法适用于既有描边属性又有
填充属性的图形。可以将该图形选中，然后进行原位复制（快
捷键 Ctrl+V、Ctrl+F，即在原先的位置上直接复制图形）。现
在两个相同的图形处于上下对齐、叠加的关系。把上层图形
锁定（快捷键 Ctrl+2 或选择"对象"→"锁定所选对象"命令），
这样可以跨过上层对象直接选中第二层完全一样的对象。为
其更改描边属性（色彩、描边的粗细参数），获得双层描边的
效果，如图 7-45 所示。

图　7-45

3．局部调整

根据设计要求，为局部内容增加阴影效果，如图 7-46 所示。为云纹和一些内容
增加渐变效果，如图 7-47 所示。为鸟尊身上的鳞片羽毛增加一个金色渐变层次，如
图 7-48 所示。

图　7-46　　　　　　　　　　　　　　　图　7-47

图　7-48

4．整理线条和色彩

在绘制的最后阶段，主要是对一些细节和内容进行检查、微调，以保证作品的线条、色彩内容和谐完整。最终效果如图 7-49 所示。

图　7-49

第八章 版 式 设 计

综合使用 Illustrator 绘图工具组中的钢笔工具、直线工具、文字工具等,可以进行矢量图的绘制与表现,并综合应用版式设计的基础知识,完成书籍封面及内页的设计。在 Illustrator 中,字体的不同表现形式与严谨的排版可以形成视觉上的对比。通过本章的练习,让学生掌握版式设计的基本知识以及 Illustrator 绘图工具的使用。

第一节 书籍封面设计

本案例制作的是书籍的封面,包括封面和封底,运用到置入、文字、直线工具、钢笔工具等功能。

本案例插入制作封面需要的图片,选择并使用文字工具输入需要的文字,并根据版面要求对文字进行适当的调整,通过钢笔工具制作装饰线条,完成封面制作。

一、输入文字内容

(1) 选择"新建"→"画板"命令新建一个画板,宽度为 420mm,高度为 297mm,设置如图 8-1 所示。选择"文件"→"置入"命令,置入一张图片,然后调整大小,放置于合适的位置,或者按快捷键 Ctrl+Shift+P,效果如图 8-2 所示。

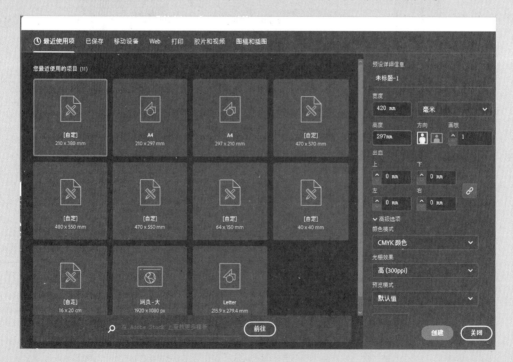

图 8-1

（2）接下来选择并使用直排文字工具输入"禅意雪景"，字体为方正黄草，字号大小为 56pt，颜色为黑色，效果如图 8-3 所示。

图　8-2

图　8-3

（3）接下来在竖排文字中间选择并使用文字工具输入 TAKE A WALK，设置如图 8-4 所示；继续按照上述方法输入文字，然后选择直线工具绘制平行的两条直线，设置描边颜色为黑色，描边粗细为 0.5pt，最终效果如图 8-5 所示。

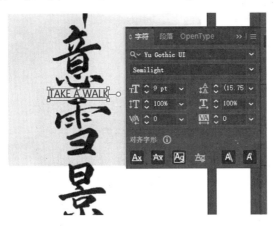

图　8-4

书籍封面设计

图　8-5

（4）接下来选择并使用直线工具绘制两条斜线，描边粗细设置为 0.5pt，描边颜色设置为黑色，最终效果如图 8-6 所示。

（5）接下来选择并使用直排文字工具输入"迈尔克肯纳"，设置字体为宋体，字号大小为 18pt，颜色为 C=76、M=70、Y=67、K=31，设置如图 8-7 所示。

（6）继续选择直排文字工具输入"刻画黑白的影像俳句"，设置字体为宋体，字号大小为 18pt，颜色为 C=76、M=70、Y=67、K=31，设置如图 8-8 所示。

（7）接下来选择直线工具，绘制一条直线，设置描边粗细为 0.5pt，描边颜色为黑色，效果如图 8-9 所示；继续用直排文字工具输入三段文字，颜色为 C=76、M=70、Y=67、K=31，字体为宋体，字号大小为 11pt，如图 8-10 所示。

图 8-6

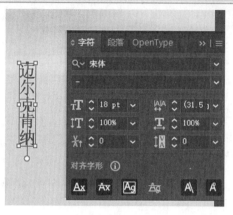

图 8-7

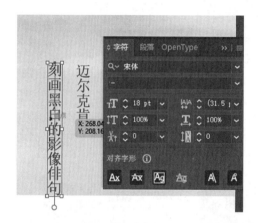

图 8-8

图 8-9

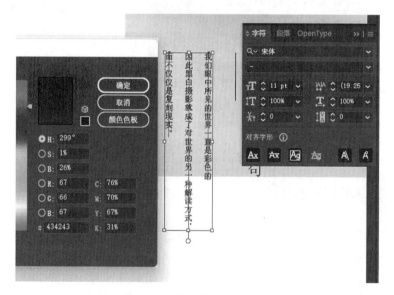

图 8-10

（8）选择"文件"→"置入"命令放置图片，调整图片大小，放置于文字下方，或按快捷键 Ctrl+Shift+P，效果如图 8-11 所示；按快捷键 Ctrl+Shift+P，或者选择"文件"→"置入"命令,置入出版社的图片,效果如图 8-12 所示。这样一个封面就做好了,最终效果如图 8-13 所示。

图　8-11　　　　　　　　　　　图　8-12　　　　　　　　　　　图　8-13

二、制作封底

(1) 接下来制作封底,选择直排文字工具输入一段文字"取其简约而精确之美",设置字号大小为 18pt,字体为宋体,颜色为灰色,放置于页面的中上部分,效果如图 8-14 所示;在刚刚做好的文字旁边继续用上述方法输入文字,设置文字字号大小为 11pt,字体为宋体,颜色为黑色,效果如图 8-15 所示。

图　8-14　　　　　　　　　　　　　　图　8-15

(2) 接下来选择钢笔工具绘制一个印章,填充颜色为红色,效果如图 8-16 所示,放置于刚才制作的文字下面。

(3) 继续选择钢笔工具绘制云纹,设置描边颜色为灰色,描边粗细为 2pt,效果如图 8-17 所示。

(4) 接下来继续绘制主图形,选择"文件"→"置入"命令放置图片,然后调整图片大小,放置于合适的位置,或按快捷键 Ctrl+Shift+P,继续选择椭圆工具,按 Alt 键绘制一个正圆,置于图片之上,效果如图 8-18 所示;接着选中图片和正圆,右击并在弹出的快捷菜单中选择"建立剪贴蒙版"命令,最终效果如图 8-19 所示。

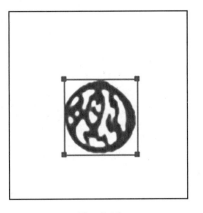

图　8-16

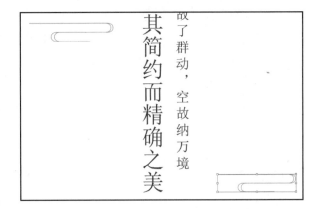

图　8-17

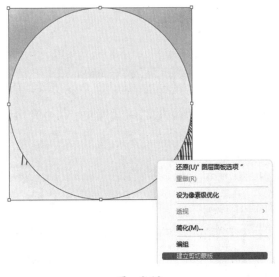

图　8-18

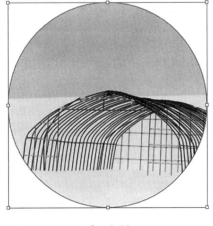

图　8-19

三、封底文字设计

（1）继续制作封底的文字内容,选择文字工具输入相应的文字,设置字体为宋体,字号大小为 9pt,行间距为 11pt,颜色为黑色,效果如图 8-20 所示。

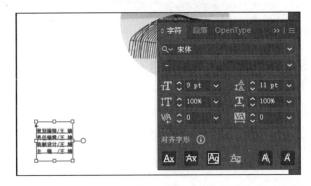

图　8-20

（2）选择"文件"→"置入"命令，置入一张图片，然后调整其大小，放置于文字下方，或者按快捷键 Ctrl+Shift+P，插入 2 张二维码图片，效果如图 8-21 所示。

（3）继续选择文字工具，在第一个二维码下面输入文字，设置字体为宋体，字号大小为 4pt，颜色为黑色，行间距为 6pt，效果如图 8-22 所示。

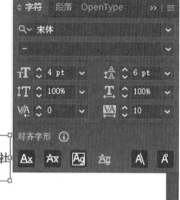

图 8-21　　　　　　　　　　　　　图 8-22

（4）再次选择文字工具，在第二个二维码右边输入文字，设置字体为宋体，字号大小为 7pt，颜色为黑色，行间距为 6pt，效果如图 8-23 所示。

图 8-23

（5）选择"文件"→"置入"命令放置图片，调整图片大小，放置于文字下方，或按快捷键 Ctrl+Shift+P，插入 1 张条形码图片，或者选择矩形工具绘制若干长方形竖条，填充颜色为黑色，制作成条形码，效果如图 8-24 所示。

（6）最后选择文字工具，在条形码上下方输入文字，设置字体为宋体，字号大小为 6pt，颜色为黑色，效果如图 8-25 所示。这样封底就制作完成了，最终效果如图 8-26 所示。

图 8-24

图 8-25

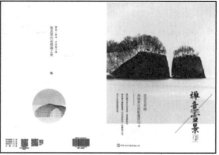

图 8-26

第二节　画册内页设计

本案例制作的是画册的内页，该画册内页设计运用到文字工具的属性设置，以及置入图片、椭圆工具、直线工具等功能。

本案例先利用文字工具输入文字，通过其属性根据版面排版要求调整字体，运用椭圆工具、直线工具绘制相应的装饰图案，同时置入相应的图片，完善并最后完成画册内页设计。

一、画册"作者简介"设计（页面右边设计）

（1）选择"新建"→"画板"命令新建画板，宽度为 420mm，高度为 297mm，设置如图 8-27 所示。

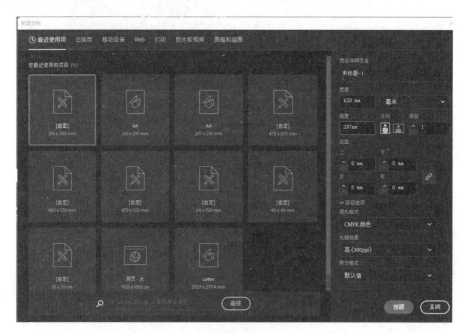

图 8-27

（2）选择"文件"→"置入"命令，调整图片大小，放置于右边页面合适的位置，或按快捷键 Ctrl+Shift+P 放置图片，效果如图 8-28 所示。

（3）接着在图片下方输入作者的基本信息，选择文字工具，输入"1953"，设置字体为微软雅黑，字号大小为24pt，颜色为C=76、M=70、Y=67、K=31，接着继续选择文字工具输入"→"，设置字体为微软雅黑，字号大小为24pt，颜色设置为C=76、M=70、Y=67、K=31，在数字下面继续选择文字工具并输入TIMES GOES BY，设置字体为微软雅黑，字号大小为11pt，颜色设置为C=76、M=70、Y=67、K=31，效果如图8-29所示。

画册内页设计

图 8-28　　　　　　　　　　　　　　　图 8-29

（4）在刚制作的英文上方继续运用文字工具输入"共·撑·一·把·碎·花·伞"，设置字体为微软雅黑，字号大小为24pt，颜色设置为C=76、M=70、Y=67、K=31，加粗，效果如图8-30所示。

（5）这样画册的右边就制作完成了，最终效果如图8-31所示。

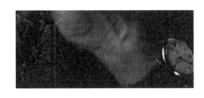

图 8-30　　　　　　　　　　　　　　　图 8-31

二、画册"作者简介"设计（页面右边设计）

（1）接下来制作画册的左边。选择画册右边刚刚制作完成的文字并进行复制，再拖动到合适位置，效果如图 8-32 所示。

（2）继续选择文字工具输入"营造心灵绿洲"，设置字体为幼圆，字号大小为16pt，颜色设置为 C=76、M=70、Y=67、K=31，效果如图 8-33 所示。

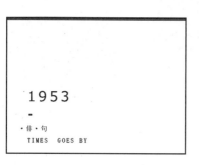

图　8-32

图　8-33

（3）在刚才制作完成的字体下绘制正圆。选择椭圆工具，按 Alt 键绘制一个正圆，然后复制 3 次，最终形成 4 个相同大小的正圆。描边颜色设置为 C=76、M=70、Y=67、K=31，描边粗细为 0.5pt，效果如图 8-34 所示。选择文字工具输入"作者简介"，设置"字体"为"宋体"，字号大小为 39pt，颜色设置为 C=76、M=70、Y=67、K=31，水平间距为 99.9，效果如图 8-35所示。

图　8-34

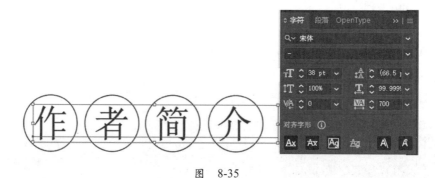

图　8-35

（4）选择文字工具，输入 ZUO ZHE JIAN JIE，设置字体为微软雅黑，字号大小为 10pt，颜色设置为 C=76、M=70、Y=67、K=31，水平间距为 99.9，效果如图 8-36所示。

（5）继续选择文字工具，输入"……"，设置字体为宋体，字号大小为 18pt，颜色设置为 C=76、M=70、Y=67、K=31，效果如图 8-37 所示。

（6）继续选择文字工具，输入介绍作者的文字，设置字体为宋体，字号大小为11pt，颜色设置为 C=76、M=70、Y=67、K=31，字间距为 19，效果如图 8-38 所示。

图　8-36

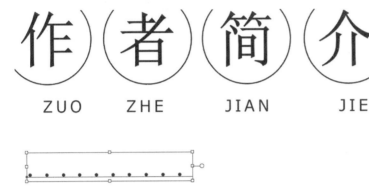

图　8-37

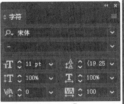

　　迈克尔·肯纳（MICHAEL KENNA）于1953年出生于英国北部的小郡兰开夏，英国著名黑白风景摄影师，曾就读于英国牛津郡的班伯里艺术学院和伦敦印刷学院。1977年，肯纳移居旧金山，为著名摄影师露丝·伯恩汗德做了长达7年的暗房助手，因此铸就了细腻的摄影风格和扎实的暗房功底。目前，肯纳已在亚洲、欧洲、大洋洲和北美洲等地的多家画廊和博物馆做过无数次展览，其中包括美国华盛顿国家艺术馆、法国巴黎国家图书馆、英国伦敦维多利亚与艾尔伯特博物馆、中国上海美术馆等知名艺术机构。他的作品被全球四十多家博物馆和美术馆永久收藏。他出版了三十多本画册集，在全世界有数十家画廊在代理他的作品。

图　8-38

　　（7）最后选择直线工具，绘制若干斜线，设置描边粗细为1pt，描边颜色为C=76、M=70、Y=67、K=31，这样整体页面就制作完成了，最终效果如图8-39所示。

图　8-39

三、制作第1~2页

（1）接下来制作第 1 ～ 2 页。选择"画板"→"新建画板"命令，打开"画板选项"对话框，设置相关数据如图 8-40 所示；画板新建好以后，选择"图层"→"新建图层"命令，在新建图层上进行该页面的制作。

（2）接下来选择"文件"→"置入"命令，置入图片并调整其大小，放在合适位置，如图 8-41 所示。

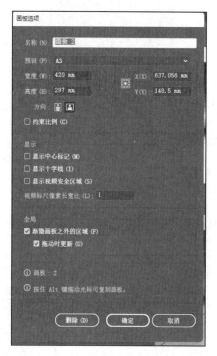

图　8-40

图　8-41

（3）选择文字工具,输入文字"禅意雪景",字体为宋体,字号大小为44pt,颜色为 C=76、M=70、Y=67、K=31,效果如图8-42所示;继续选择文字工具,输入拼音,字体为微软雅黑,字号大小为10pt,颜色设置为 C=76、M=70、Y=67、K=31,效果如图8-43所示。

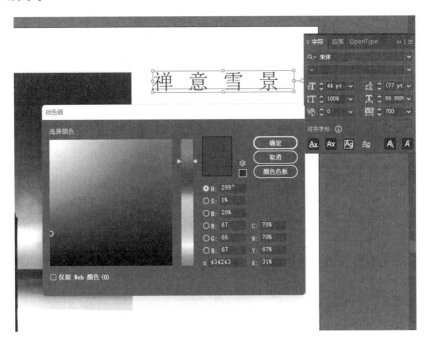

图 8-42

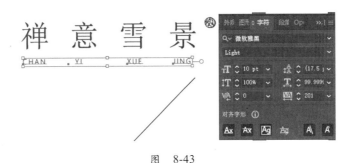

图 8-43

（4）在刚才制作的文字下面绘制直线,接下来选择直线工具,绘制一条斜线,描边粗细为1pt,描边颜色为 C=79、M=74、Y=71、K=45,效果如图8-44所示。

（5）选择文字工具输入文字"迈克尔肯纳曾说",设置字体为宋体,颜色为 C=76、M=70、Y=67、K=31,效果如图8-45所示。

（6）继续选择文字工具输入该页的文本,设置字体为宋体,颜色为 C=76、M=70、Y=67、K=31,字号大小为11pt,行距为19pt,效果如图8-46所示。

（7）继续选择文字工具输入页面页脚的文字,设置字体为宋体,颜色为 C=76、M=70、Y=67、K=31,字号大小为11pt,行距为19pt,效果如图8-47所示。

（8）接下来用文字工具输入英文,设置字体为微软雅黑,字号大小为10pt,颜色为 C=76、M=70、Y=67、K=31,效果如图8-48所示。

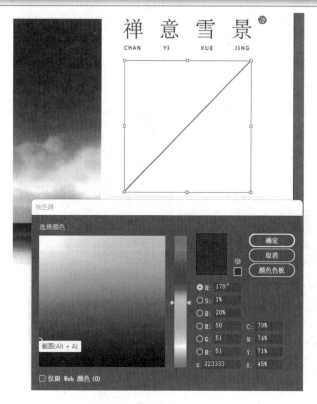

图　8-44

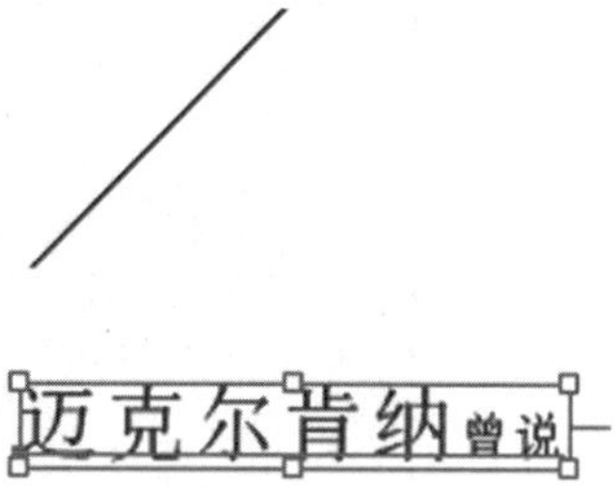

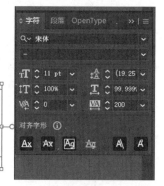

图　8-45

图　8-46

大的诗意，他的洞察力将其深深地凝聚在一起，
成更多的表现力，更多的热情和敏感。他的照
宏大的观念，通过光线和阴影，通过调影和位
足圆满。"

图　8-47

图　8-48

（9）接下来选择直线工具在刚刚制作好的文字右边绘制一条直线,设置描边粗细为 1pt,描边颜色为 C=76、M=70、Y=67、K=31,效果如图 8-49 所示。这样这个页面就制作完成了,最终效果如图 8-50 所示。

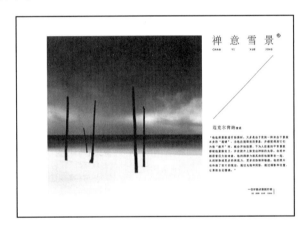

图　8-49　　　　　　　　　　　　　　　　　　图　8-50

四、制作第3~4页

（1）参照第 1 ~ 2 页的制作方法,新建画板和图层,接下来选择"文件"→"置入"命令,置入该页面的主图,并调整大小,放在合适位置,效果如图 8-51 所示。

（2）选择文字工具输入数字"2022",设置字体为微软雅黑,颜色为 C=76、M=70、Y=67、K=31,字号大小为 24pt,效果如图 8-52所示。

图　8-51

（3）在刚制作文字的右下角选择文字工具并输入"-",设置字体为微软雅黑,颜色为 C=76、M=70、Y=67、K=31,字号大小为 24pt,效果如图 8-53 所示。

（4）继续选择文字工具并输入英文 TIMES GOES BY,设置字体为微软雅黑,颜色为 C=76、M=70、Y=67、K=31,字号大小为 11pt,效果如图 8-54 所示。这样右边页面的文字就制作完成了。

图 8-52   图 8-53

图 8-54

（5）接下来制作页面的左边。首先将右边制作好的文字复制到左边页面的合适位置，效果如图 8-55 所示。

（6）选择椭圆工具，按 Alt 键绘制正圆，设置描边颜色为黑色，描边粗细为 1pt，然后复制 3 次，最终形成 4 个相同的正圆，效果如图 8-56 所示。

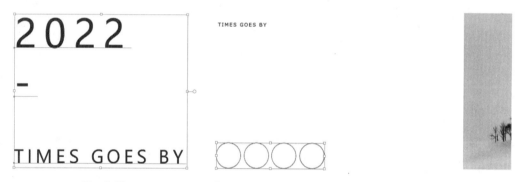

图 8-55   图 8-56

（7）选择文字工具并输入"风景如画"，设置字体为宋体，颜色为 C=76、M=70、Y=67、K=31，字号大小为 38pt，效果如图 8-57 所示；继续在下面选择文字工具输入英文，设置字体为微软雅黑，颜色为 C=76、M=70、Y=67、K=31，字号大小为 10pt，效果如图 8-58 所示。

（8）在文字之下选择文字工具并输入"…………"，设置字体为宋体，颜色为 C=76、M=70、Y=67、K=31，字号大小为 18pt，行距为 31pt，效果如图 8-59 所示。

（9）接着选择直线工具并绘制一条直线，设置描边颜色为 C=76、M=70、Y=67、K=31，描边粗细为 1pt，效果如图 8-60 所示。

（10）继续选择文字工具输入页面的主题字，设置字体为宋体，颜色为 C=76、M=70、Y=67、K=31，字号大小为 11pt，行距为 19pt，效果如图 8-61 所示。

图   8-57

图   8-58

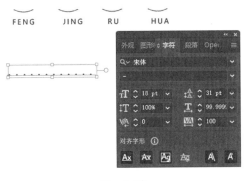

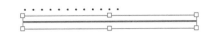

图   8-59   图   8-60

"我享受那些充满神秘氛围的地方，比如代表岁月的铜绿，这些东西暗示过多的免描绘，如能够激起疑惑。我会寻找人们与这片土地交汇之处，记忆啊，痕迹啊，等等。我会经常尝试将风景里的那种平静与孤寂再现给我的观众们。其他的时候，我也会记录自然世界里的那些汹涌狂放的现象，结果就是我的作品变成了我自己的一种诠释，一种和不同客体的对话。"

图   8-61

（11）选择直线工具，绘制若干条斜线，设置描边颜色为 C=76、M=70、Y=67、K=31，描边粗细为 1pt，这样这个页面就制作完成了，最终效果如图 8-62 所示。

207

五、制作第5～6页

（1）在画面的左边按快捷键 Ctrl+Shift+P，或者选择"文件"→"置入"命令，置入一张图片，调整大小，放置在合适的位置，效果如图 8-63 所示。

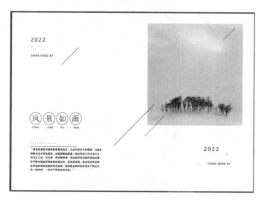

图 8-62

图 8-63

（2）选择竖排文件工具，在刚才图片下方输入"中国"二字，设置字体为宋体，颜色为 C=76、M=70、Y=67、K=31，字号大小为 14pt，行距为 24pt，如图 8-64 所示；继续选择文字工具，输入数字"2017"，字体为宋体，颜色为 C=76、M=70、Y=67、K=31，字号大小为 9pt，行距为 14pt，向右旋转 90°，放置在"中国"二字的左边，如图 8-65 所示；再次选择文字工具，输入 JIANG NAN，设置字体为宋体，

图 8-64

颜色为 C=76、M=70、Y=67、K=31，字号大小为 4pt，行距为 7pt，向右旋转 90°，放置在"中国"二字的右边，效果如图 8-66 所示。

图 8-65

图 8-66

（3）选择直线工具绘制两条平行的直线，描边颜色设置为 C=76、M=70、Y=67、K=31，描边粗细为 1pt，效果如图 8-67 所示；然后将之前绘制好的图标放置在右上角，最终效果如图 8-68 所示。

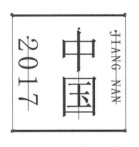

图 8-67 　　　　　　　　　　　　　　图 8-68

（4）选择文字工具输入本页面的主体内容,字体为宋体,颜色设置为 C=76、M=70、Y=67、K=31,字号大小为 11pt,行距为 19pt,居中对齐,效果如图 8-69 所示。这样左边的页面就制作完成了,最终效果如图 8-70 所示。

（5）接下来制作右边的页面。选择矩形工具绘制一个矩形,颜色设置为 C=6、M=5、Y=5、K=0,放在页面的右下角,效果如图 8-71 所示;按快捷键 Ctrl+Shift+P,或者选择"文件"→"置入"命令,置入图片并调整其大小,放置在合适的位置,效果如图 8-72 所示。

图 8-69

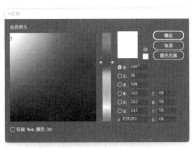

图 8-70 　　　　　　　　　　　　　图 8-71

（6）将左边制作的图标选中,复制到右边图片的右上方,效果如图 8-73 所示。

（7）选择文字工具输入文字,设置字体为宋体,颜色设置为 C=76、M=70、Y=67、K=31,字号大小为 18pt,效果如图 8-74 所示;继续选择文字工具,输入文字,设置字体为微软雅黑,颜色为 C=76、M=70、Y=67、K=31,字号大小为 24pt,效果如图 8-75 所示。

图 8-72

图 8-73

图 8-74

图 8-75

（8）最后选择文字工具输入页面的主体文字，字体设为宋体，颜色设置为 C=76、M=70、Y=67、K=31，字号大小为 11pt，行距为 19pt，效果如图 8-76 所示。

图 8-76

（9）选择椭圆工具，绘制三个正圆，填充颜色设置为 C=0、M=71、Y=77、K=0，第二个正圆调整透明度为 32%，第三个正圆调整透明度为 19%，如图 8-77 所示。

图 8-77

（10）这样这个页面就制作完成了，最终效果如图 8-78 所示。

图 8-78

第九章 VI 设 计

VI 通译为视觉识别,是 CI 系统中最具有传播力和感染力的层面。VI 设计包括基础和应用两大部分,本章在基础部分主要介绍如何进行字体设计和标志设计,在应用部分主要介绍如何进行招贴设计和包装设计,综合使用 Illustrator 文字工具组中的文字工具,以及颜色工具组的吸管工具、渐变工具等,进行字体的不同效果设计以及不同风格的标志设计;通过形状工具组的矩形工具、椭圆工具、钢笔工具以及"路径查找器"等,绘制包装的基本形以及招贴的装饰图形。通过本章的练习,让学生明白如何设计科学的视觉识别,是传播企业经营理念、建立企业知名度、塑造企业形象的快速便捷之途径。

第一节 VI 设计基础部分

一、字体设计

1.2.5D 字体设计

本案例制作的是 2.5D 字体效果,该字体效果运用到 3D 效果制作,路径查找器以及图案、矩形等相关命令。

本案例先利用文字工具输入文字,通过"3D 效果"制作立体字,然后通过不同的颜色设置字体不同的面,再通过路径查找器进行合并,最后给不同的面增加不同的效果,完成 2.5D 字体的制作。

(1)打开 Illustrator,按快捷键 Ctrl+N,弹出"新建文档"对话框,在对话框中设置名称为"2.5D 字体效果",画板宽度为 800px,高度为 600px,颜色模式为 RGB,如图 9-1 所示。

(2)单击工具箱中的文字工具,在"字符"面板上单击"字体"下拉列表框中的下拉按钮,选择字体为方正超粗黑_GBK,设置字体大小为 200pt,单击画板输入文字"水浒传",如图 9-2 所示。

(3)选择文字,然后单击工具栏下方的"拾色器",设置颜色为灰色(R=185,G=185,B=185),单击"确定"按钮,如图 9-3 和图 9-4 所示。

(4)选择文字"水浒传",选择"效果"→3D→"突出和斜角"命令,在弹出的窗口中打开"预览",在"3D 凸出和斜角选项"对话框中设置"位置"为"等角→上方","凸出厚度"为 45pt,最后单击"确定"按钮,效果如图 9-5 所示。

(5)选中步骤(4)文字,选择"对象"→"扩展外观"命令,将文字转换为单独的平面图形,同时右击并在弹出的快捷菜单中选择"取消编组"命令,将文字变为单独的各个字体,再次取消编组,用来拆分每个字体的各个面,如图 9-6 和图 9-7 所示。

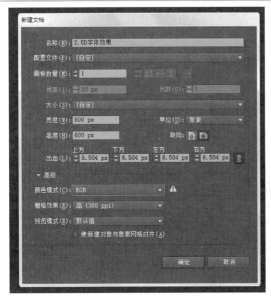

2.5 D 文字效果

图　9-1

图　9-2

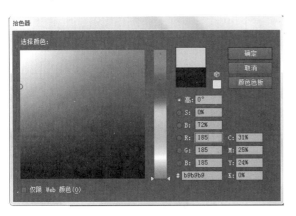

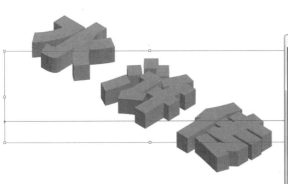

图　9-3

图　9-4

图　9-5

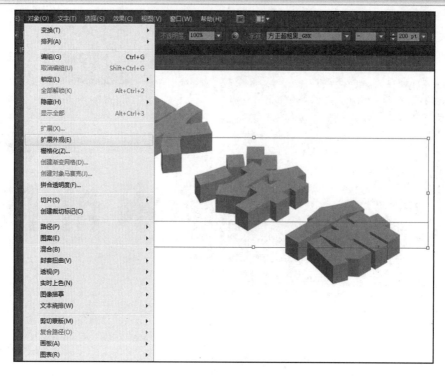

图　9-6

（6）找一组合适的配色，按 Shift 键并连续单击每个字体的顶部，选择吸管工具或按快捷键 I，按 Shift 键从配色方案中吸取颜色，如图 9-8 所示。

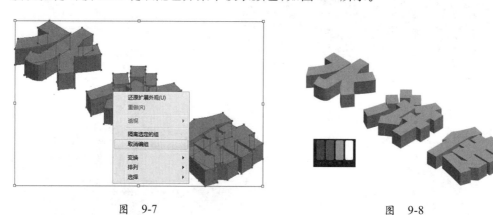

图　9-7　　　　　　　　　　　　　　　　　　图　9-8

（7）用同样的方法选中字体的侧面，用吸管工具填充颜色，效果如图 9-9 所示。

（8）选中剩下的面，用吸管工具填充颜色，效果如图 9-10 所示。

（9）选中所有面的层，双击工具栏底部的描边，填充为黑色，如图 9-11 所示。

（10）单击右边控制面板，选择"描边"，描边粗细为 2px，边角设置为圆角，主要用于处理拐角处的毛刺，效果如图 9-12 所示。

（11）选择"窗口"→"路径查找器"命令，或按快捷键 Ctrl+Shift+F9，选中带有黑色线条多的面，效果如图 9-13 所示。

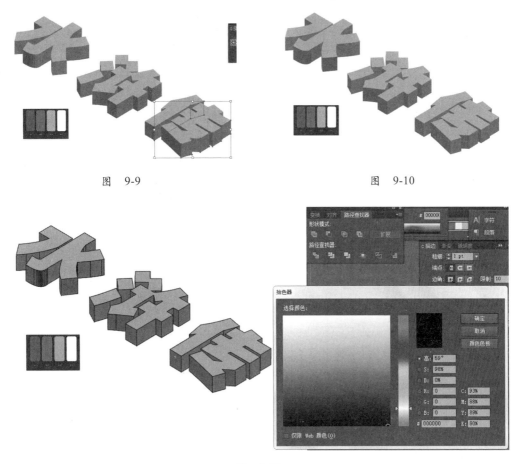

图 9-9   图 9-10

图 9-11

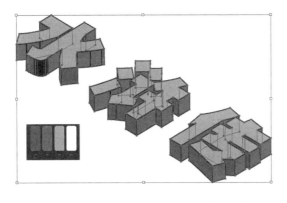

图 9-12

（12）选中青色的面，选择"路径查找器"选项，或者按快捷键Ctrl+Shift+F9，在对话框中单击"联集"按钮，然后按快捷键Ctrl+C、Ctrl+F原位粘贴至上一层，效果如图9-14所示。

（13）选择"对象"→"扩展"命令，弹出"扩展"对话框，如图9-15所示，然后在"路径查找器"面板中单击"联集"按钮进行合并，效果如图9-16所示。然后按快捷键Ctrl+C、Ctrl+B原位粘贴至下一层，如图9-17所示。

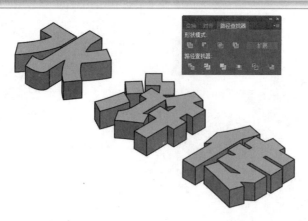

图　9-13

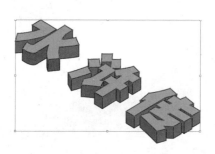

图　9-14

图　9-15

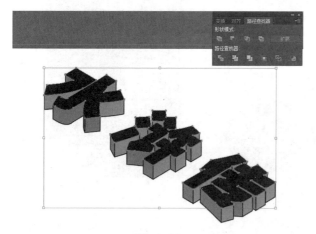

图　9-16

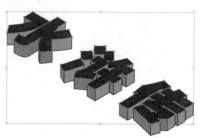

图　9-17

（14）按鼠标左键，把新复制一层的面向左边移动，如图9-18所示。然后选中两个黑色的面，选择工具栏中的混合工具，如图9-19所示。选中这两个面，再双击混合工具，在弹出的"混合选项"对话框中设置"指定的步数"为100，选中"预览"选项，如图9-20所示，可以看其效果，单击"确定"按钮。

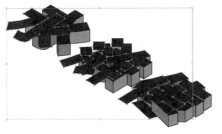

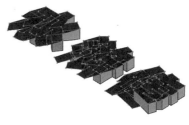

图　9-18　　　　　　　　　　　　　　　图　9-19

　　（15）选择黑色的面，选择"对象"→"扩展"命令，再在"路径查找器"面板中单击"联集"按钮进行合并，效果如图9-21所示。

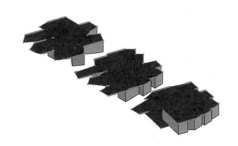

图　9-20　　　　　　　　　　　　　　　图　9-21

　　（16）按Shift键，移动黑色面，直到其与底面对齐，效果如图9-22所示。

　　（17）右击并在弹出的快捷菜单中选择"排列"→"置于底层"命令或按快捷键Ctrl+Shift+[，效果如图9-23所示。在属性栏中选择"不透明度"为15，制作一个简单的平面阴影效果，效果如图9-24所示。

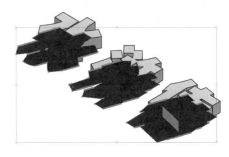

图　9-22

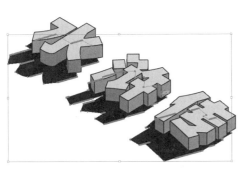

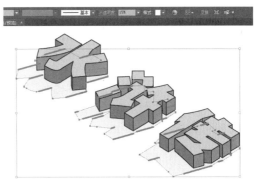

图　9-23　　　　　　　　　　　　　　　图　9-24

　　（18）在工具栏中选择椭圆工具，在画板上画一个小圆（6px×6px），如图9-25所示。

（19）选择"对象"→"图案"→"建立"命令，打开"图案选项"面板，设置名称为"点"，拼贴类型为"砖形（按行）"，宽度为7px，高度为7px，如图9-26所示，在"色板"面板中能够找到该图案，如图9-27所示。

图 9-25

（20）选中紫色面中任意一个，在"外观"面板中选择新填色，填充为制作的"点"图案，效果如图9-28所示。其他面的操作同理，最终效果如图9-29所示。

图 9-26

图 9-27

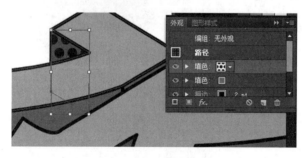

图 9-28

图 9-29

（21）选择矩形工具画一个矩形，设置宽度为800px，高度为600px，如图9-30所示，单击工具栏中的填色，选择黄色，右击并在弹出的快捷菜单中选择"排列"→"置于底层"命令，效果如图9-31所示。

（22）选择"对齐"→"水平居中"→"垂直居中"命令，使其对齐画板，最终效果如图9-32所示。

2．切割文字效果设计

本案例是关于切割文字效果的设计，该字体效果运用到直线工具、矩形工具及"路径查找器""效果"等功能。

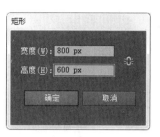

切割文字效果

图　9-30　　　　　　　　　　　图　9-31

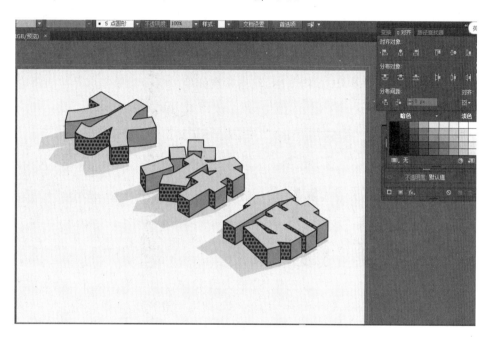

图　9-32

本案例先利用文字工具输入文字,创建轮廓,通过直线工具进行文字的切割,运用"色板"面板进行字体颜色的填充,再通过矩形工具添加一些装饰,最后通过 3D 效果添加立体效果和阴影效果,最后完成切割文字效果的制作。

(1) 打开 Illustrator,按快捷键 Ctrl+N,弹出"新建文档"对话框,在对话框中设置名称为"切割文字效果",画板宽度为1920px,高度为1080px,颜色模式为 RGB,如图 9-33 所示,按快捷键 Ctrl+0 将画板调整至合适大小。

(2) 单击工具箱中的文字工具按钮,

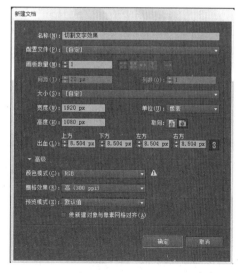

图　9-33

在"字符面板"上单击"字体"下拉框中的下拉按钮，选择字体为Geometr212 BkCn BT，设置字体大小为300pt，单击画板输入英文GRAPHIC DESIGN，如图9-34所示。

（3）选择文字，然后选择"窗口"→"字符"命令打开"字符"面板，设置所选字符的字距为80，效果如图9-35所示。

图 9-34

图 9-35

（4）选择文字GRAPHIC DESIGN，右击并在弹出的快捷菜单中选择"创建轮廓"命令，效果如图9-36所示，然后填充灰色，如图9-37所示。

图 9-36

图 9-37

（5）单击工具栏中的直线段工具，调整直线段描边大小为6px，按Shift键在字母G上面绘制直线，效果如图9-38所示；按Alt键复制直线段，对其进行旋转，放置在字母R上。用同样的操作方法绘制直线并放置在各个字母上，最终效果如图9-39所示。

图 9-38

图 9-39

（6）选中所有的元素，选择"窗口"→"路径查找器"命令，或按快捷键 Ctrl+Shift+F9，在"路径查找器"面板中单击"分割"按钮，然后填充 K=40 的灰色，效果如图 9-40 所示。

图　9-40

（7）右击并在弹出的快捷菜单中选择"取消编组"命令，同时删掉多余部分，如图 9-41 和图 9-42 所示。

图　9-41　　　　　　　　　　　　　　　　　　图　9-42

（8）选中每个字体的后半部分，右击并在弹出的快捷菜单中选择"编组"命令，或者按快捷键 Ctrl+G，同时更改颜色为 K=30 的灰色，效果如图 9-43 所示。

（9）选中每个字体的前半部分，右击并在弹出的快捷菜单中选择"编组"命令，或者按快捷键 Ctrl+G，同时更改颜色为 K=60 的灰色，效果如图 9-44 所示。

图　9-43　　　　　　　　　　　　　　　　　　图　9-44

（10）选择矩形工具并绘制矩形框，再按 Alt 键进行复制，同时选中矩形框进行调整，最后在所有的矩形框上右击并在弹出的快捷菜单中选择"编组"命令，或者按快捷键 Ctrl+G，效果如图 9-45 所示。

（11）将编组后的矩形框放置于字母 G 上面，进行适当的调整，并更改颜色，效果如图 9-46 所示。

（12）选中文字，右击并在弹出的快捷菜单中选择"取消编组"命令，选择矩形框组，右击并在弹出的快捷菜单中选择"排列"→"置于底层"命令，或者按快捷键 Ctrl+Shift+[，同时选中字母 G 前半部分和矩形框，右击并在弹出的快捷菜单中选择"建立剪贴蒙版"命令，效果如图 9-47 所示。

图 9-46

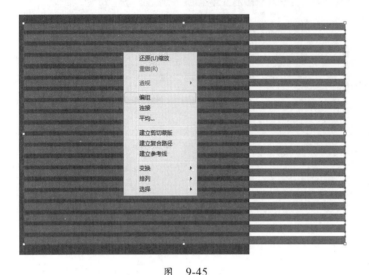

图 9-45

图 9-47

（13）用同样的操作进行后续的字母效果制作，最终效果如图 9-48 所示。

（14）选择所有字体的后半部分，填充颜色 R=31、G=43、B=61，然后按快捷键 Ctrl+C、Ctrl+F 进行原位粘贴，如图 9-49 所示。

图 9-48

图 9-49

（15）隐藏其中的一个文字层，将另一个文字层填充为橘色，效果如图 9-50 所示。选中橘色文字层，使用方向键进行图层的偏移，向左偏移 8mm，向下偏移 5mm，打开隐藏图层，继续选择橘色的文字层，按方向键继续进行微调，最终效果如图 9-51 所示。

图 9-50

图 9-51

（16）选中橘色文字层，然后按快捷键 Ctrl+C、Ctrl+F 进行原位粘贴，将复制出来的图层向右上方微移,同时将颜色改为 K=20 的灰色,再使用方向键进行位移的微调,最终效果如图 9-52 所示。这样文字的主体就完成了。

(17)接下来为页面添加一些小元素,使页面丰富起来。选择矩形工具,绘制一些小的矩形框,并进行一些调整,放置于页面的不同地方,最终效果如图 9-53 所示。

图 9-52   图 9-53

(18)最后为文字添加一些效果,使其看起来更有设计感,将所有图层选中,右击并在弹出的快捷菜单中选择"编组"命令,或者按快捷键 Ctrl+G 进行编组,然后在菜单栏中选择"效果"→ 3D →"旋转"命令,打开"3D 旋转选项"对话框,选中"预览"复选框,设置参数如图 9-54 所示,效果如图 9-55 所示。

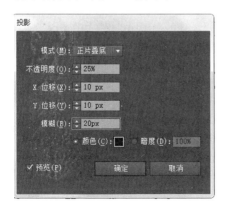

图 9-54   图 9-55

(19)继续给字体做投影效果,使其更加立体,在菜单栏中选择"效果"→"风格化"→"投影"命令,打开"投影"对话框,选中"预览"复选框,设置参数如图 9-56 所示,效果如图 9-57 所示。

图 9-56   图 9-57

3．艺术字效果设计

本案例制作的是艺术字效果，该字体效果运用到钢笔工具、文字工具及"对象""效果""变换"等功能。

本案例先利用钢笔工具绘制需要的线条，扩展外观，通过"路径查找器"工具进行文字效果的制作，运用直接选择工具进行字体节点的调整，重复这些步骤，最后完成艺术字效果设计的制作。

（1）打开 Illustrator，选择"文件"→"新建"命令，或按快捷键 Ctrl+N，弹出"新建文档"对话框，在对话框中设置名称为"艺术字效果设计"，画板宽度为 700px，高度为 400px，颜色模式为 RGB，如图 9-58 所示，按快捷键 Ctrl+0 将画板调整至合适大小。

艺术字效果设计

（2）单击工具箱中的钢笔工具，在画板中按 Shift 键绘制一条直线，然后选择"效果"→"扭曲和变换"→"变换"命令，打开"变换效果"对话框，设置参数如图 9-59 所示，最终效果如图 9-60 所示。

（3）框选所有线条，然后选择"对象"→"扩展外观"命令，效果如图 9-61 所示。

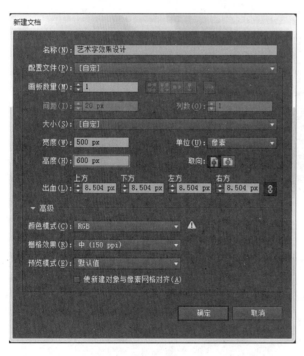

图 9-58

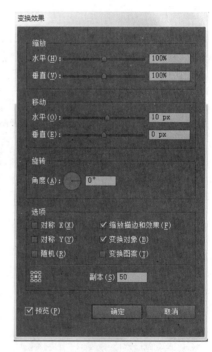

图 9-59

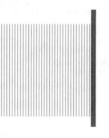

图 9-60

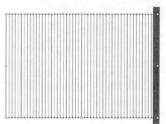

图 9-61

（4）然后右击并在弹出的快捷菜单中选择"变换"→"旋转"命令,打开"旋转"对话框,设置参数如图9-62所示,选中"预览"复选框,单击"复制"按钮,最后单击"确定"按钮。再次选择该步骤,按Shift键将其放大至合适大小,最后效果如图9-63所示。关闭描边效果,制作出网格效果。

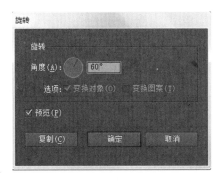

图　9-62

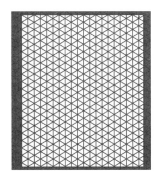

图　9-63

（5）根据设计需求导入一张适合的配色参考图,然后单击工具栏中的"吸管"工具按钮,吸取所需的颜色,然后选择工具栏中的实时上色工具制作数字2,在制作过程中不断用吸管工具吸取不同的颜色,运用实时上色工具进行填色,为数字2制作亮面、暗面,从而形成一种立体效果,效果如图9-64所示。用上述方法对数字0、2、1进行立体效果制作,最终效果如图9-65所示。

（6）以上所有完成后,选择"对象"→"扩展"命令,在弹出的"扩展"对话框中取消选中"描边"复选框,效果如图9-66所示,框选数字2021,右击并在弹出的快捷菜单中选择"取消编组"命令,进行局部的调整,使其看起来更美观,然后选中单个数字,右击并在弹出的快捷菜单中选择"编组"命令,方便接下来的步骤进行。按Alt键同时按住鼠标左键不放拖动数字1完成复制,接下来删除不需要的部分,效果如图9-67所示。

图　9-64

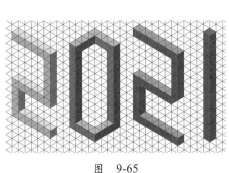

图　9-65

图　9-66　　　图　9-67

（7）接下来为数字2制作一些效果,选择"窗口"→"路径查找器"命令,或者按快捷键Ctrl+Shift+F9,弹出"路径查找器"面板,单击小方块每个面,单击"合并"按钮，并将其放在数字 2 下面，双击进入小方块隔离组，在工具栏中选择直接选择工具，进行局部调整，调整好后，进行拖动，右击并在弹出的快捷菜单中选择"排列"→"置于底层"命令，或者按快捷键 Ctrl+Shift+[，效果如图 9-68 和图 9-69 所示。

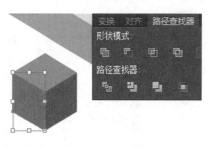
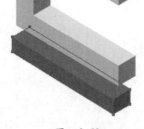

图　9-68　　　　　　　　　　　　　　图　9-69

（8）接下来继续制作装饰效果，按 Alt 键复制数字 2 下的长方体，并将其放在另一个数字 2 的下方，接着再次按 Alt 键复制数字 2 下的长方体放在数字 1 下面，并在工具栏中选择直接选择工具进行调整，再次按 Alt 键复制数字 2 下的长方体放在数字 0 下面，并在工具栏中选择直接选择工具进行调整，选中数字 0 下面的长方体，右击并在弹出的快捷菜单中选择"变换"→"对称"命令，在弹出的对话框中选中"垂直"单选按钮，角度设置为 90°，选中"预览"复选框，单击"复制"按钮并单击"确定"按钮，最终效果如图 9-70 所示。

（9）选择数字 1 下面的小方块，按 Alt 键再复制一个，在工具栏中选择直接选择工具进行局部调整，再选择移动工具进行缩小，同时修改颜色，放在第一个数字 2 旁边，做成一个连接的柱子形式。由于每个数字由若干个层组成，所以选中所有数字，右击并在弹出的快捷菜单中选择"编组"命令，这样就可以将柱子方便快捷地移到数字 2 之后，效果如图 9-71 所示。

（10）接下来制作数字 0 的效果，按 Alt 键复制紫色长方体，放置到数字 0 之后，用同样的操作形式，给数字 2 和 1 做柱子形式，形成一个连接点，最终效果如图 9-72 所示。

图　9-70　　　　　　　　　图　9-71　　　　　　　　　图　9-72

（11）接下来继续给数字 2021 加装饰效果，复制第一个数字 2 下面的长方体，并给其下面制作柱子形式做支撑，可以选择喜欢的颜色进行制作，在工具栏中选择直接选择工具，进行局部和整体的调节，效果如图 9-73 所示。

（12）接下来再给数字 0 做装饰，首先在工具栏中选择矩形工具，绘制矩形条，然后选择直接选择工具调整节点，使其具有立体效果，最后填充不同的颜色做出其亮面和暗面，最终效果如图 9-74 所示。

（13）继续给第二个数字2做装饰,先在工具栏中选择矩形工具,绘制矩形条,然后选择直接选择工具调整节点,使其具有立体效果,最后填充不同的颜色做出其亮面和暗面,接着按Alt键复制第一个数字2上的长方体,并更改其颜色,将其拖动至第二个2上,最终效果如图9-75所示。

（14）接下来给数字1做装饰,按Alt键复制1下面的小方块,在工具栏中选择直接选择工具对其进行局部调整,然后在"色板"面板上选择合适的颜色进行填色,最终效果如图9-76所示。

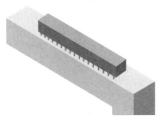

图　9-73　　　　　　图　9-74　　　　图　9-75　　　图　9-76

（15）继续做一些装饰,在工具栏中选择钢笔工具,描边2px,绘制若干个梯子,放在数字上面,绘制好一个梯子后,选中梯子,在"色板"面板中选择合适的颜色进行填充,右击并在弹出的快捷菜单中选择"编组"命令,将其组合成一个整体,右击并在弹出的快捷菜单中选择"变换"→"对称"命令。在弹出的对话框中选中"垂直"单选按钮,单击"复制"按钮,再单击"确定"按钮,复制出若干个梯子,然后选择直接选择工具,进行调整,最终效果如图9-77和图9-78所示。

（16）进行到这一步字体基本制作完成,接下来给画面添加背景,在工具栏中选择矩形工具,绘制一个与画面等大的矩形框,在"色板"面板中填充紫色,右击并在弹出的快捷菜单中选择"排列"→"置于底层"命令,或按快捷键Ctrl+Shift+[,效果如图9-79所示。

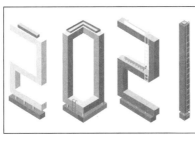

图　9-77　　　　　图　9-78　　　　　图　9-79

（17）接下来制作一些玻璃质感的背景效果,在菜单栏中打开"描边"效果设置面板,设置描边为白色、1px,如图9-80所示。然后在工具栏中选择钢笔工具绘制一些方形,效果如图9-81所示。最后全选白色的方块,选择"对象"→"扩展"命令打开"扩展"对话框,设置如图9-82所示。

（18）选择所有白色方块,右击并在弹出的快捷菜单中选择"取消编组"命令,将描边和填充效果分开,接下来选中其中一个白色方块,设置透明度为25%,设置如

图 9-83 所示,其他的白色方块操作步骤与此相同,这样一个橱窗效果就制作好了,最终效果如图 9-84 所示。

图　9-80

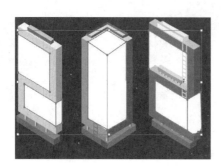

图　9-81

图　9-82

图　9-83

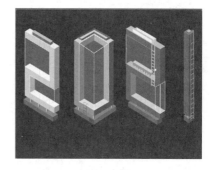

图　9-84

（19）接下来做一些橱窗里的小装饰,按 Alt 键,选择数字 1 上面的小方块进行复制,然后在工具栏中选择直接选择工具进行局部的调整,然后复制并进行排列,最终效果如图 9-85 所示。

（20）重复上述步骤,制作其他数字橱窗里的装饰物,最终效果如图 9-86 所示。

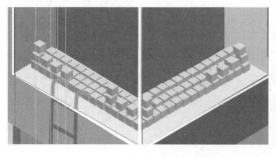

图　9-85

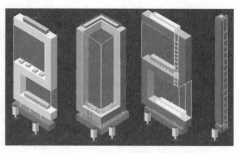

图　9-86

（21）最后为橱窗做一些反光效果，这时候主要用到的是钢笔工具，在橱窗上绘制一些四边形，然后调整透明度，效果如图9-87所示。

（22）重复上述步骤，制作其他数字橱窗的反光效果，这样艺术字就制作完成了，最终效果如图9-88所示。

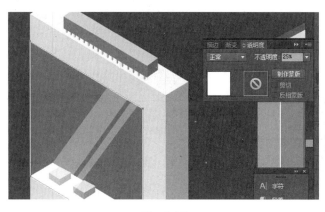

图 9-87

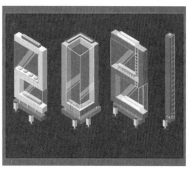

图 9-88

二、标志设计

1．联通标志设计

本案例制作的是联通的标志，该标志制作会运用到矩形工具、选择工具及"对象""效果"等功能。

本案例先利用矩形工具绘制基本形，然后通过"变换"命令进行多个基本形的制作，利用"路径查找器"进行图形的整合，再通过"风格化"命令继续优化中国结的形态，最后完成联通标志的制作。

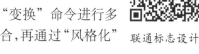

联通标志设计

（1）打开 Illustrator，在菜单栏中选择"文件"→"新建"命令，或按快捷键 Ctrl+N，弹出"新建文档"对话框，在对话框中设置名称为"联通标志设计"，画板宽度为600px，高度为600px，颜色模式为CMYK，如图9-89所示。

（2）在工具栏中选择矩形工具，单击页面，设置矩形的宽度为20mm，高度为20mm，如图9-90所示。设置好后，单击"确定"按钮，同时设置描边为黑色、2pt。

（3）接下来选择"对象"→"变换"→"移动"命令，设置参数为水平20mm，垂直0mm，单击"复制"按钮，效果如图9-91所示。

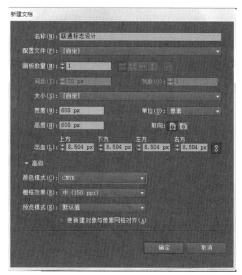

图 9-89

接下来在菜单栏中选择"对象"→"变换"→"再次变换"命令，或按快捷键 Ctrl+D进行再次移动，一共移动三次，这样就得到一排四个的正方形，效果如图9-92所示。

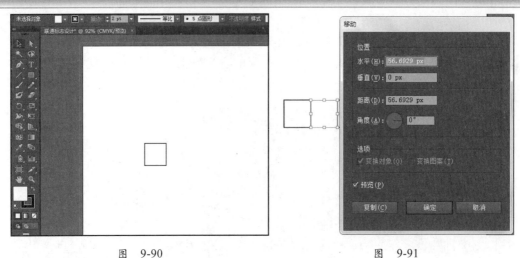

图 9-90 　　　　　　　　　　　　　　图 9-91

（4）继续选中四个正方形，在菜单栏中选择"对象"→"变换"→"移动"命令，打开"移动"对话框，设置参数为水平 0mm，垂直 20mm，单击"复制"按钮，设置如图 9-93 所示。接下来在菜单栏中选择"对象"→"变换"→"再

图 9-92

次变换"命令，或按快捷键 Ctrl+D 进行再次移动，一共移动两次，这样就得到 16 个正方形，效果如图 9-94 所示。

（5）选择不需要的正方形进行删除，在工具栏中选择选择工具选择第 1 排第 2、3 个正方形，第 2 排第 1 个正方形，第 3 排第 4 个正方形，第 4 排第 1、3 个正方形进行删除，效果如图 9-95 所示。接下来，运用选择工具框选所有正方形，按 Shift 键向左旋转 45°，效果如图 9-96 所示，这时的形状已经基本接近"中国联通"的标志造型了。

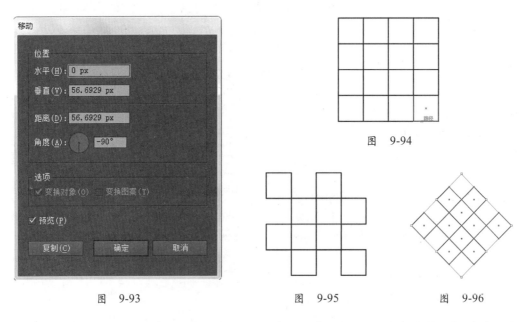

图 9-93 　　　　　　图 9-95 　　　　　　图 9-96

图 9-94

（6）接下来选中整个图形，在菜单栏中选择"窗口"→"路径查找器"命令，并在弹出的"路径查找器"面板中选择"轮廓"选项，或按快捷键 Ctrl+Shift+F9，"轮廓"

选项主要用于将目前对象整合成一个新对象,所以现在其描边效果和填充效果都没有了,需要重新设置,效果如图 9-97 所示。

(7) 设置描边为红色,大小为 20pt,效果如图 9-98 所示。同时选择"效果"→"风格化"→"圆角"命令,在弹出的"圆角"对话框中设置"半径"参数为 20px,效果如图 9-99 所示,这样一个基本的中国结的形状就出来了。

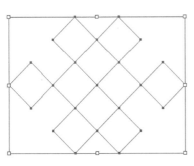

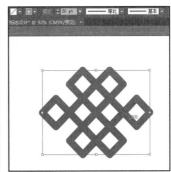

图 9-97   图 9-98

(8) 选择"视图"→"轮廓"命令,进入轮廓预览模式,发现图形依旧是方形,并没有变成圆角矩形,这是因为在制作过程中用到的是"效果"的特效,所以并没有改变图形的结果。接下来选择"对象"→"扩展外观"命令进行改变。

(9) 下面通过相减来做中国联通标志缺口的部分。在进行相减前需要选择"对象"→"扩展"命令,打开"扩展"对话框,设置参数如图 9-100 所示。当转换为图形后,会发现锚点特别多,这就需要简化锚点,右击并在弹出的快捷菜单中选择"取消编组"命令,选择"路径查找器"命令,或按快捷键 Ctrl+Shift+F9,在"路径查找器"面板中选择"联集"选项,效果如图 9-101 所示。

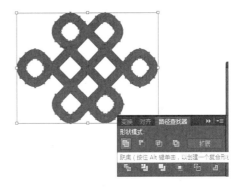

图 9-99   图 9-100   图 9-101

(10) 接下来进行减缺部分的处理,首先用矩形工具绘制一个长方形,然后按 Shift 键进行 45°旋转,并放置在中国结合适的位置,这时按快捷键 Ctrl+U,打开智能参考线,进行精确的捕捉和对齐。接下来按 Alt 键将长方形进行复制,并放在合适的位置,效果如图 9-102 所示。

(11) 接下来按 Shift 键逐个选中长方形,按 Alt 键进行复制,继续按 Shift 键,旋转 45°。为了区分,这里可以换一种其他颜色,效果如图 9-103 所示。

图　9-102

图　9-103

（12）最后选中所有图层，使用"路径查找器"或按快捷键 Ctrl+Shift+F9，选择"减去顶层"，效果如图 9-104 所示，这样一个中国联通的标志就制作完成了。最后用文字工具写出"中国联通"四个字，最终效果如图 9-105 所示。

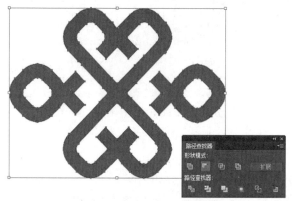

图　9-104

图　9-105

2．盾牌标志设计

本案例制作的是盾牌标志，该标志效果运用到矩形工具、直线工具、文字工具及"变换"等功能。

本案例先利用矩形工具绘制基本形，再运用直线工具完善盾牌标志的线条制作，通过实时上色工具进行上色，最后运用文字工具输入文字，完成盾牌标志设计的制作。

（1）打开 Illustrator，在菜单栏中选择"文件"→"新建"命令，或按快捷键 Ctrl+N，弹出"新建文档"对话框，在对话框中设置名称为"3D 绕转立体特效标志设计"，画板宽度为 1000pt，高度为 800pt，颜色模式为 CMYK，如图 9-106 所示。

（2）在工具栏中选择矩形工具，单击页面，设置矩形的宽度为 90mm，高度为90mm。设置好后，单击"确定"按钮，同时设置描边为黑色、7pt，效果如图 9-107 所示。

（3）在菜单栏中选择"视图"→"标尺"命令，或按快捷键 Ctrl+R 打开标尺，在矩形中间拉一条辅助线，同时在工具栏中选择添加锚点工具，在正方形的下方添加锚点，然后在工具栏中选择直接选择工具，或按快捷键 A，拖动锚点，使其变为一个盾牌形式，效果如图 9-108 所示。

（4）在工具栏中选择直线工具，在盾牌中绘制线条。接着选择"对象"→"变换"→"移动"命令，打开"移动"对话框，设置参数如图 9-109 所示，单击"复制"按钮，最后继续选择"对象"→"变换"→"再次变换"命令，或者按快捷键 Ctrl+D，效果

第九章　VI设计

如图9-110所示。选中所有的斜线,右击并在弹出的快捷菜单中选择"变换"→"对称"命令,打开"镜像"对话框,设置参数如图9-111所示,最终效果如图9-112所示。

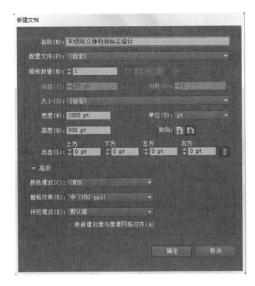

盾牌标志设计

图　9-106

图　9-107

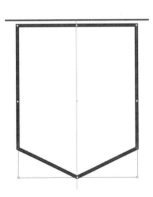

图　9-108

图　9-109

图　9-110

图　9-111

图　9-112

233

（5）接下来把交错的部分进行删减，选中左边第一条斜线，同时按 Shift 键选中所有右边的，在工具栏选择形状生成工具，或者按快捷键 Shift+M 单击多余部分，效果如图 9-113 所示。

（6）在工具栏中单击矩形工具创建矩形，设置参数宽为 77pt，高为 180pt，描边为 7pt，效果如图 9-114 所示。

（7）选中绘制好的矩形框，按 Shift 键单击盾形外框和左边的第一条斜线，接着在工具栏选择形状生成工具，或按快捷键 Shift+M 单击多余部分，效果如图 9-115 所示。

（8）接下来选中中间两个竖线，按 Shift 键加选左边的斜线，再次在工具栏中选择形状生成工具，或按快捷键 Shift+M 单击多余部分，如图 9-116 所示。

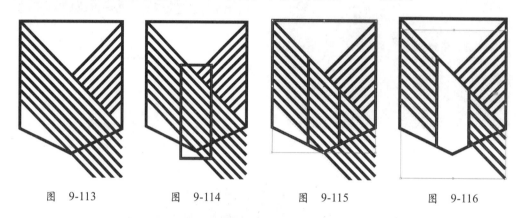

图 9-113   图 9-114   图 9-115   图 9-116

（9）这时选择不需要的地方进行删除，效果如图 9-117 所示。接下来选择左边第一条斜线，选择"对象"→"变换"→"移动"命令，打开"移动"对话框，设置水平为 0pt，垂直为 30pt，单击"复制"按钮，效果如图 9-118 所示。最后选择"对象"→"变换"→"再次变换"命令，或按快捷键 Ctrl+D 进行再次变换，效果如图 9-119 所示。

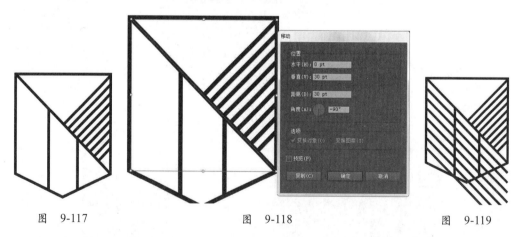

图 9-117   图 9-118   图 9-119

（10）接下来删除右半部分的所有斜线，效果如图 9-120 所示。继续选中左边的所有斜线，在工具栏中选择镜像工具，同时按 Alt 键进行复制，效果如图 9-121 所示。

（11）选中右边的所有斜线和左边第一条，在工具栏中选择形状生成工具，或按快捷键 Shift+M 单击多余部分，效果如图 9-122 所示。接下来选中左边所有的斜线，以及盾牌和中间的四边形，继续在工具栏中选择形状生成工具，或按快捷键 Shift+M 单击多余部分,效果如图 9-123 所示。

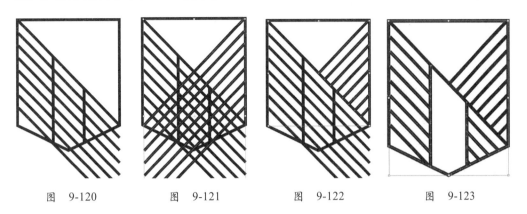

图　9-120　　　　　图　9-121　　　　　图　9-122　　　　　图　9-123

（12）接下来在中间的四边形中运用文字工具书写字母 G,在文字的属性栏中设置字体为加粗的 News701 BT,大小为 72pt,如图 9-124 所示。继续在工具栏中选择直线工具绘制直线。按 Alt 键进行复制,一共 4 条直线,描边宽度依次为 6pt、4pt、3pt、1pt,描边颜色为黑色,效果如图 9-125 所示。

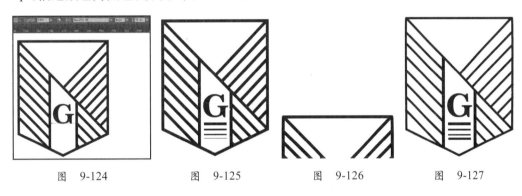

图　9-124　　　　　图　9-125　　　　　图　9-126　　　　　图　9-127

（13）选择盾形外框,在工具栏中选择并使用直接选择工具将左右上方的两个直角变为圆角,效果如图 9-126 所示。接下来选中除了字母 G 所在区域内的所有线,将描边粗细设置为 5pt,形成外细内粗的效果,效果如图 9-127 所示。

（14）接下来绘制形状"鹰"。首先在盾牌的上方运用直线工具绘制一条直线,描边粗细为 8pt,然后运用钢笔工具绘制图形,描边粗细为 8pt,效果如图 9-128 所示。

（15）接下来全选后,按 Alt 键复制一个放在旁边,在工具栏选择实时上色工具,填充颜色设置为 C=40、M=45、Y=50、K=5,效果如图 9-129 所示。然后选中所有并在菜单栏中选择"合并实时上色"命令,右击并在弹出的快捷菜单中选择"取消编组"命令,再选择"对象"→"扩展外观"命令,然后设置颜色为 C=81、M=96、Y=64、K=52,效果如图 9-130 所示。

图　9-128

（16）设置各个板块的颜色,"鹰"的颜色设置为 C=13、M=97、Y=98、K=0,字母 G 所在板块颜色设置为 C=79、M=39、Y=92、K=1,右上方颜色设置为 C=87、M=75、Y=23、K=0,左边和右下方颜色设置为 C=4、M=23、Y=27、K=0,效果如图 9-131 所示。

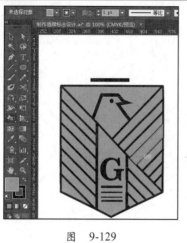
图 9-129

图 9-130

图 9-131

（17）接下来制作阴影。复制一块平行四边形，关闭描边，设置填充颜色为 C=25、M=25、Y=40、K=0。按 Shift 键进行复制，然后用直接选择工具进行调整，效果如图 9-132 所示。

（18）接下来继续制作阴影。复制右边一块平行四边形，关闭描边，设置填充颜色为 C=79、M=62、Y=12、K=0。按 Shift 键进行复制，然后用直接选择工具进行调整，效果如图 9-133 所示。

（19）修改"鹰"的眼睛和字母下面横线的颜色为 C=4、M=23、Y=27、K=0，效果如图 9-134 所示。

图 9-132

图 9-133

图 9-134

（20）在形状"鹰"后面的三角区绘制直线，即在工具栏中选择直线工具绘制直线，描边为 1pt、黑色，绘制 4 条直线后，按 Shift 键全选。在菜单栏中选择"窗口"→"路径查找器"命令，或按快捷键 Ctrl+Shift+F9，在打开的"路径查找器"面板中单击"分割"按钮，效果如图 9-135 所示。然后右击并在弹出的快捷菜单中选择"取消编组"命令，单击每一块设置颜色，每一条的颜色都比前一个要淡一些，制作背景渐变的效果，效果如图 9-136 所示。

（21）完善字母 G 的投影。选择矩形工具绘制一个矩形条，填充颜色设置为 C=4、M=23、Y=27、K=9，并运用渐变做效果，渐变角度为 -90°，透明度为 90%，位置为75%,同时设置属性栏中的透明度为40%,效果如图9-137所示。

（22）完善形状"鹰"的渐变。用钢笔工具绘制一个不规则形状,按Shift键选中图形和绘制的不规则形状,在"路径查找器"面板中选择"分割"选项,效果如图9-138所示,右击并在弹出的快捷菜单中选择"取消编组"命令,选中分割后的不规则图形,运用渐变,设置如图9-139所示。运用同样的方法在鹰的左上角绘制不规则图形,然后填充红色,中间空余地方重复上述简便的步骤,效果如图9-140所示。

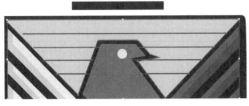

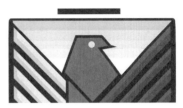

图　9-135　　　　　　　　　　　　图　9-136

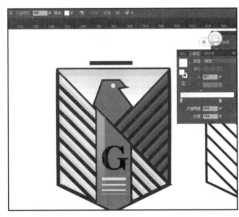
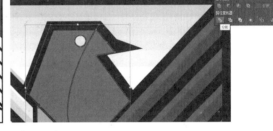

图　9-137　　　　　　　　　　　　图　9-138

图　9-139　　　　　　　　　　　　图　9-140

（23）选中鹰后面的渐变色块更改颜色,效果如图9-141所示。

（24）复制盾牌,按快捷键Ctrl+Shift+[置于底层,然后将填充描边色设置为C=25、M=25、Y=40、K=0,为其制作投影效果,效果如图9-142所示。

（25）调整一下字母G的颜色,使其更加柔和,效果如图9-143所示。

图 9-141   图 9-142   图 9-143

（26）在工具栏中选择椭圆工具，按 Shift 键绘制一个正圆，运用渐变工具调整，同时设置属性栏中的透明度为 60%，制作光影效果，效果如图 9-144 所示。接下来复制一个标志出来，选中光圈和盾牌并在"路径查找器"面板中选择"分割"选项，效果如图 9-145 所示，右击并在弹出的快捷菜单中选择"取消编组"命令，将如图 9-146 所示内容放在原来图中光圈的位置上，把原来的光圈删除，如图 9-147 所示。

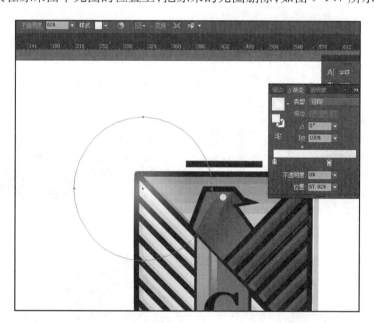

图 9-144

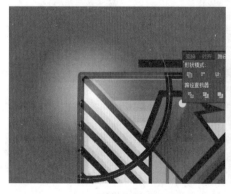

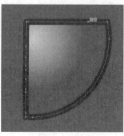

图 9-145   图 9-146   图 9-147

（27）在工具栏中选择矩形工具，绘制背景层，填充颜色设置为 C=72、M=64、Y=57、K=11，效果如图 9-148 所示。

图　9-148

（28）这时会发现标志线条的颜色和背景色比较相似，所以需进行调整，设置描边颜色为 C=50、M=70、Y=80、K=70，同时调整盾牌投影颜色第一层颜色为 C=99、M=96、Y=53、K=27，第二层颜色为 C=98、M=96、Y=61、K=47，效果如图 9-149 所示。

（29）最后用文字工具进行文字排版，最终效果如图 9-150 所示，这样一个完整的标志就制作完成了。

图　9-149

图　9-150

3．水滴透明标志设计

本案例制作的是水滴透明标志，该标志制作运用到椭圆工具、直接选择工具、钢笔工具、渐变工具及"效果"等功能。

本案例先利用椭圆工具绘制基本形，运用"路径"制作特殊形，运用直接选择工具进行节点的调整，最后运用"效果"来制作一些特殊效果。

（1）打开 Illustrator，在菜单栏中选择"文件"→"新建"命令，或按快捷键 Ctrl+N，弹出"新建文档"对话框，在对话框中设置名称为"3D 绕转立体特效标志设计"，画板宽度为 800px，高度为 500px，颜色模式为 CMYK，如图 9-151 所示。

（2）首先绘制叶子，在工具栏中选择椭圆工具，在画板上绘制一个椭圆，然后选择直接选择工具调整椭圆的节点，将其调整成叶子形状，填充颜色设置为C=0、M=0、Y=0、K=50。接下来运用钢笔工具绘制叶子中间的叶脉，设置描边颜色为黑色，宽度为1pt。然后按Alt键复制一个叶子放在旁边，并调整得稍微大一点，效果如图9-152所示。

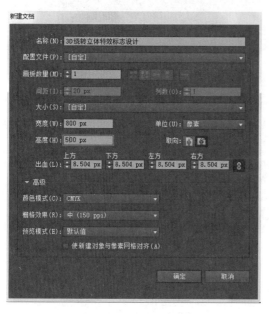

图　9-151

水滴透明标志设计

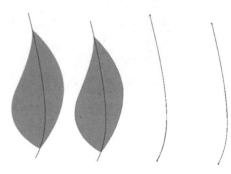

图　9-152

　　（3）选中第一片大一点的叶子，在菜单栏中选择"对象"→"路径"→"分割下方对象"命令，对第二片叶子也同样选择此操作，效果如图9-153和图9-154所示。

图　9-153

图　9-154

（4）接下来置入一张配色图，给两片叶子添加颜色，选中所要填色的叶子，在工具栏选择吸管工具进行填色，效果如图 9-155 所示。

（5）接下来给两片叶子做渐变效果。首先在工具栏中选择吸管工具或按快捷键 I，吸取较深的颜色，然后继续在工具栏中选择网格工具或者按快捷键 U，在叶子的上端和下端的左右两边分别单击添加深色，效果如图 9-156 所示。接着吸取一个较浅的颜色，然后继续在工具栏中选择网格工具或者按快捷键 U，在叶子的右上端和左下端分别单击添加浅色，效果如图 9-157 所示。最后选择一个中间色，使用网格工具在叶子的中间部分单击添加一个中间色，最终效果如图 9-158 所示。

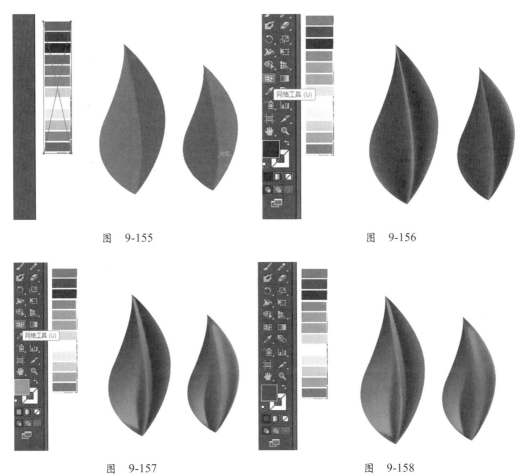

图　9-155　　　　　　　　　　　　　　图　9-156

图　9-157　　　　　　　　　　　　　　图　9-158

（6）将右边复制出来的两条线移动到叶子上边，选择一个较亮的颜色，设置描边粗细为 3pt，变量宽度为 profile2，然后用直接选择工具调整节点，这样叶子的叶脉就制作完成了，效果如图 9-159 所示。

（7）选中两条叶脉，选择"效果"→"模糊"→"高斯模糊"命令，在弹出的对话框中将半径设置为 3 像素，效果如图 9-160 所示。

（8）选中右边的叶子，选择"对象"→"编组"命令，或按快捷键 Ctrl+G，对于左边的叶子也选择同样的步骤，接下来将两片叶子重叠，制作成一束的效果，如图 9-161 所示。

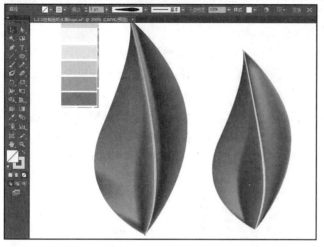

图 9-159

图 9-160

（9）接下来制作透明水滴效果。在工具栏中选择椭圆工具，按 Shift 键绘制一个正圆，然后旋转 45°，用直接选择工具进行调整，这样一个水滴型就基本做出来了。接下来填充一个紫色，设置为 C=56、M=63、Y=45、K=1，选择渐变工具，类型设置径向，白色部分的不透明度设置为 0，紫色部分的不透明度设置为 30%，效果如图 9-162 和图 9-163 所示。再次用渐变工具进行调整，最终效果如图 9-164 所示。

（10）选中水滴形，按快捷键 Ctrl+C、Ctrl+F 选择"贴在前面"的命令，选择渐变工具继续进行调整，最终效果如图 9-165 所示。

（11）继续选中水滴形，选择"贴在前面"的命令，选择渐变

图 9-161

工具进行调整，将渐变的深色改为 C=76、M=43、Y=57、K=0，最终效果如图 9-166 所示。

（12）再次选中水滴形，选择"贴在前面"的命令，并将渐变的深色改为 C=790、M=68、Y=51、K=11，最终效果如图 9-167 所示。

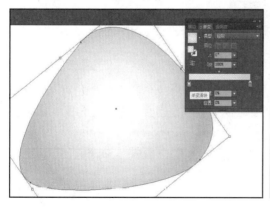

图 9-162

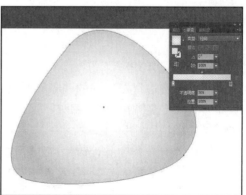

图 9-163

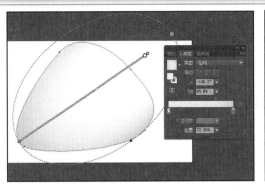

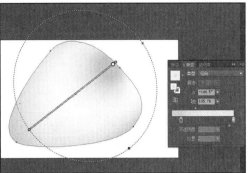

图 9-164 图 9-165

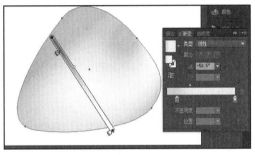

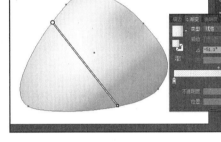

图 9-166 图 9-167

（13）选择渐变工具，设置为"线性渐变"，深色区域设置颜色为 C=10、M=10、Y=10、K=20，运用矩形工具绘制与画板等大的矩形，效果如图 9-168 所示。按快捷键 Ctrl+Shift+[，将其置于底层，效果如图 9-169 所示。

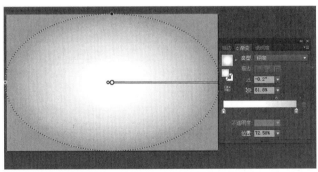

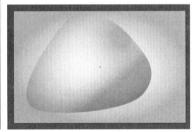

图 9-168 图 9-169

（14）将颜色改为白色，选择矩形工具，再次绘制与画板等大的矩形，在菜单栏中选择"效果"→"纹理"→"马赛克拼贴"命令，设置参数如图 9-170 所示，效果如图 9-171 所示。按快捷键 Ctrl+Shift+[，将其置于底层，如图 9-172 所示。

（15）接下来选择第一次绘制的矩形框，选择"窗口"→"透明度"命令，或按快捷键 Shift+Ctrl+F10，设置透明效果为"正片叠底"，效果如图 9-173 所示。

（16）按快捷键 Ctrl+G 编组，放在水滴的合适位置，选择椭圆工具绘制椭圆，然后用直接选择工具进行调整。接着使用渐变工具，选择"线性渐变"，深色区设置为白色，透明度设置为 20%，效果如图 9-174 所示。

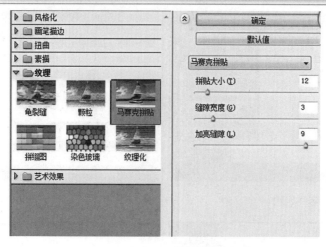

图 9-170

图 9-171   图 9-172

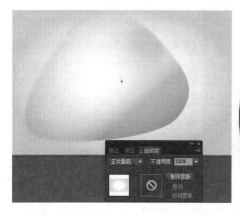

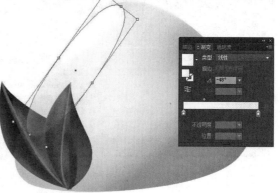

图 9-173   图 9-174

（17）选择复制出来的椭圆，按快捷键 Ctrl+C、Ctrl+F 选择"贴在前面"命令，在"色板"面板中更改成浅一些的灰色，调整一下位置。接下来选择"窗口"→"路径查找器"命令，或按快捷键 Ctrl+Shift+F9，在弹出的"路径查找器"面板中选择"分割"选项，如图 9-175 所示。

（18）选中刚才的椭圆，右击并在弹出的快捷菜单中选择"取消编组"命令，或按快捷键 Ctrl+Shift+G，选中中间的椭圆，进行删除，效果如图 9-176 所示。接下来删除剩余椭圆外形的浅色部位,然后放置在原来的发光地方,效果如图 9-177 所示。然后填充白色,选择"效果"→"模糊"→"高斯模糊"命令,设置参数为 11,效果如图 9-178 所示。

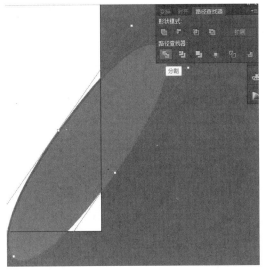

图　9-175

图　9-176

图　9-177

图　9-178

(19) 在"渐变"面板中选择"径向"选项,颜色设置为从黑到白,黑色不透明度调整为 20%,白色的不透明度调整为 0,设置参数如图 9-179 和图 9-180 所示。接下来在工具栏中选择椭圆工具,按 Shift 键绘制正圆,效果如图 9-181 所示。对椭圆形状进行调整,放置在合适的位置,然后在"渐变"进行数据的调整,效果如图 9-182 和图 9-183 所示,这样水滴形的投影就做好了。

(20) 接下来给透明水滴做光晕效果。在工具栏中选择光晕工具,在水滴上合适的位置进行绘制,效果如图 9-184 所示,这样光晕效果就制作完成了。

(21) 接下来排版字体,将 You are the most beautiful 运用字体工具写在水滴形合适的位置,效果如图 9-185 所示。

(22) 复制一个叶子,按快捷键 Ctrl+Shift+] 置于顶层,然后继续右击并在弹出的快捷菜单中选择"变换"→"对称"命令,设置为垂直对称,然后放置在合适的位置。最终效果如图 9-186 所示。

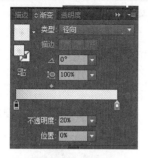

图 9-179

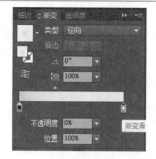

图 9-180

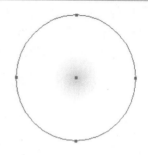

图 9-181

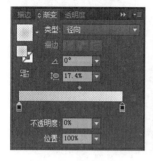

图 9-182

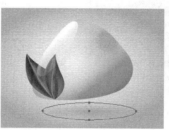

图 9-183

图 9-184

图 9-185

图 9-186

第二节　VI 设计应用部分

一、包装设计

本案例制作的是糖果包装设计，该设计运用到矩形工具和"路径"等功能。

本案例先利用矩形工具绘制包装的展开图，再运用填充工具给包装上色，然后运用置入命令并插入包装需要的图片，接着运用椭圆工具和文字工具完成包装上的标志设计，最后完成糖果包装设计的制作。

1. 包装平面图绘制

（1）首先新建一个页面。选择"文件"→"新建"命令，或按快捷键Ctrl+N，弹出"新建文档"对话框，设置A4纸大小、横向、300像素，设置颜色模式为CMYK，如图 9-187 所示。

包装平面图绘制

246

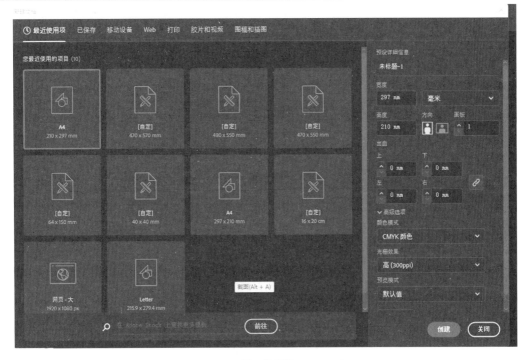

图　9-187

（2）接下来绘制包装的平面图,注意包装的每个面的对称。选择矩形工具绘制矩形,设置参数宽度为 60mm,高度为 100mm,设置描边为 1pt,描边颜色为黑色,效果如图 9-188 和图 9-189 所示。

（3）下面绘制包装的第二个面。选择矩形工具绘制矩形,设置参数宽度为30mm,高度为 100mm,设置描边颜色为黑色,描边为 1pt,如图 9-190 所示。将其拖动到合适的位置,如图 9-191 所示。

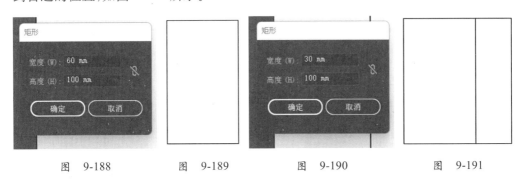

图　9-188　　　　图　9-189　　　　图　9-190　　　　图　9-191

（4）接下来绘制包装的另外两个面。用选择工具选中之前绘制好的两个矩形,按Alt 键并按住鼠标左键不放进行拖动,完成复制过程,这样一个包装的平面展开图就简单地完成了,如图 9-192 所示。

（5）作为一个包装需要有一个粘合的位置,这就是糊口。糊口的大小可以依据包装的大小而定,由于目前制作的包装较小,所以糊口不易过大。选择矩形工具绘制矩形,设置参数宽度为 15mm,高度为 100mm,设置描边颜色为黑色,描边为 1pt,并将其拖动到合适位置,如图 9-193 和图 9-194 所示。

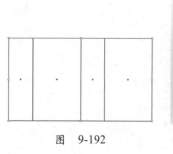

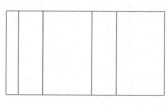

图　9-192　　　　　　　图　9-193　　　　　　　图　9-194

（6）现在绘制盒子正面的封口，首先复制盒子的正面，按 Alt 键并且按住鼠标左键不放拖动进行复制，或者选中正面，按快捷键 Ctrl+C、Ctrl+V 进行复制及粘贴，如图 9-195 所示。

（7）封口需起到盖住盒子的作用，所以其高度需要和盒子的厚度一致，选择工具选中封口，在属性栏中将高度改为 30mm，如图 9-196 和图 9-197 所示。

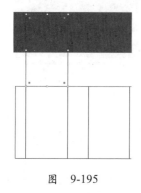

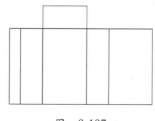

图　9-195　　　　　　　图　9-196　　　　　　　图　9-197

（8）接下来绘制插口。跟上一步一样，先用选择工具选中封口，按 Alt 键并按住鼠标左键不放拖动进行复制，或者选中正面，按快捷键 Ctrl+C、Ctrl+V 复制及粘贴，然后根据盒子的大小调整高度为 15mm，如图 9-198 和图 9-199 所示。

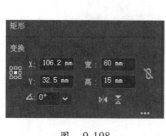

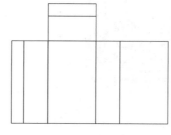

图　9-198　　　　　　　　　　　图　9-199

（9）由于直角的插口不能够很好地起到保护作用，所以需要调整成圆角。先运用选择工具选中插口，然后用直接选择工具调整圆角的尺寸，调整为 3mm，如图 9-200 和图 9-201 所示。

（10）下面需要绘制封口两边的防尘片。防尘片的高度不宜高于封口的一半，因此运用矩形工具绘制宽度为 60mm、高度为 18mm 的矩形，如图 9-202 所示。

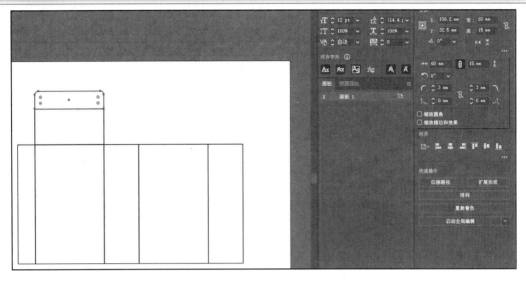

图　9-200

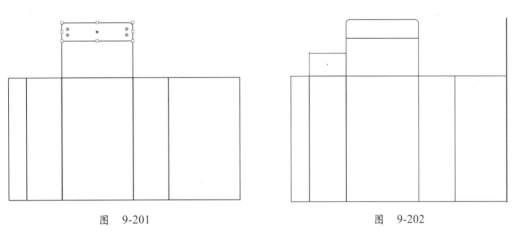

图　9-201　　　　　　　　　　　　　　图　9-202

（11）防尘片挨着封口的位置会比较直，所以需要在右边的位置添加节点，如图 9-203 和图 9-204 所示。

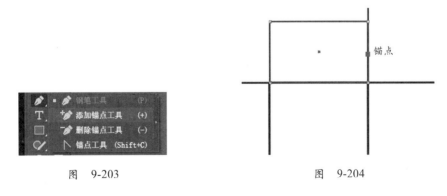

图　9-203　　　　　　　　　　　　　图　9-204

（12）添加好节点后，运用直接选择工具进行节点的调整，如图 9-205 所示；接下来在防尘片左边添加 2 个节点，并运用直接选择工具进行调整，如图 9-206 和图 9-207 所示。

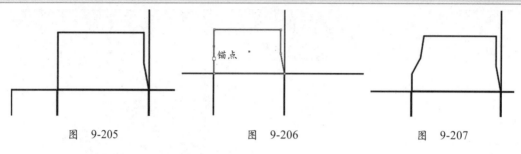

图 9-205   图 9-206   图 9-207

（13）选中上面的两个节点将直角转为圆角，数值如图 9-208 所示，最终效果如图 9-209 所示。

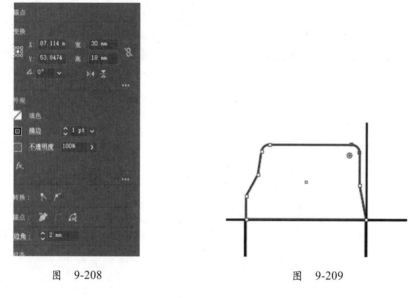

图 9-208   图 9-209

（14）下面按 Alt 键并按住鼠标左键不放，将刚建好的防尘片复制到右边，如图 9-210 所示；选择镜像工具，对其进行完全镜像，如图 9-211 所示。这样一个盒子的上半部分就制作完成了，最终效果如图 9-212 所示。

图 9-210   图 9-211   图 9-212

（15）最后选中制作好的封口和防尘片，按 Alt 键并按住鼠标左键不放进行复制，同时运用镜像工具制作水平镜像，再运用选择工具将其调整到合适位置，最后效果如图 9-213 所示，这样一个盒子的基本型就制作完成了。

（16）下面绘制包装盒的出血。选中盒子，旋转 90°，然后选中盒子的中间部分并选择"对象"→"路径"→"偏移路径"命令，打开"偏移路径"对话框，设置出血数值，如图 9-214 所示，最终效果如图 9-215 所示。

图　9-213　　　　　　　　图　9-214　　　　　　　　图　9-215

（17）打开"图层"面板，复制"图层 1"，同时锁定"图层 1"并隐藏，就得到了
如图 9-216 所示的图形；按快捷键 Shift+Ctrl+F9，打开"路径查找器"面板，按 Alt 键，
选择"联集"→"扩展"命令，得到如图 9-217 所示的图形。这样在做图形的时候做
到这里就可以，这时打开隐藏的"图层 1"，效果如图 9-218 所示。

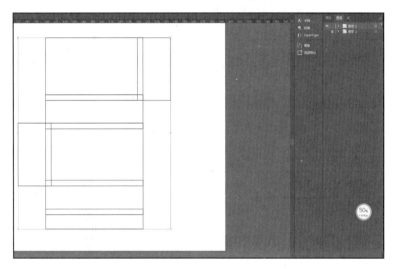

图　9-216

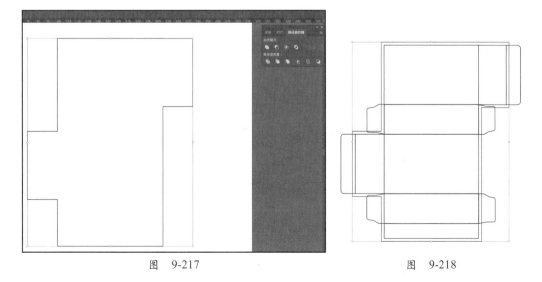

图　9-217　　　　　　　　　　　　图　9-218

2．包装的图案绘制

（1）绘制盒子的图案。首先新建一个图层,命名为"图层3",在盒子的正面运用矩形工具绘制一个矩形,设置宽度为103mm,高度为60mm。绘制好后,运用选择工具进行微调,最终效果如图9-219所示。

（2）单击"色彩面板",设置为黄绿色,数值设置为C=53、M=11、Y=98、K=0,如

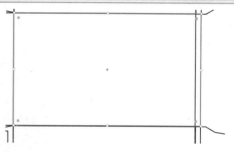

图 9-219

图9-220所示,设置描边效果为"无",效果如图9-221所示;置入包装上的图片,选择"文件"→"置入"命令,或按快捷键Shift+Ctrl+P,如图9-222所示。

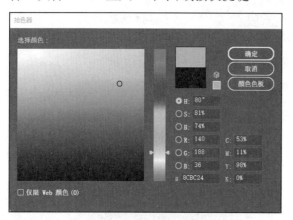

图 9-220

图 9-221

图 9-222

（3）将命名为"椰子林"的图片置入黄绿色矩形中,调整好大小,放在合适位置,如图9-223所示;用上面同样的方法将命名为"椰子"和"椰子糖"的图片置入,调整至合适位置,最终效果如图9-224所示。

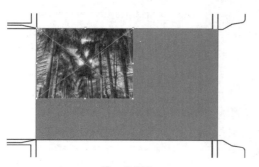

图 9-223

图 9-224

（4）接下来绘制盒子上的色块作为辅助形,选择矩形工具,设置宽度为51mm,高度为42mm,设置颜色为C=82、M=29、Y=100、K=0,最终效果如图9-225所示。下面调整色块的样子使其更灵活,选择直接选择工具,选中左下角的直角,调整为圆角,如图9-226所示。

图　9-225　　　　　　　　　　　　　　　　图　9-226

3．包装的标志绘制

（1）绘制包装盒上的图标。选择椭圆工具,按Shift键绘制正圆,设置描边为0.5mm,如图9-227所示。选中绘制的椭圆,按快捷键Ctrl+C进行复制,按快捷键Ctrl+F进行原位粘贴,按Alt键进行拖动,效果如图9-228所示。

图　9-227　　　　　　　　　　　图　9-228

（2）选择文字工具输入"椰子糖"三个字,设置字体为华文行楷,字号为39pt,颜色为黑色,最终效果如图9-229所示。接下来选中内圆,重复操作步骤,按快捷键Ctrl+C、Ctrl+F进行原位粘贴,按Alt键进行拖动,设置描边颜色数值为C=0、M=30、Y=35、K=70,得到效果如图9-230所示。

（3）按Alt键复制一个小圆。然后选中小圆下面的节点,按Delete键进行删除,效果如图9-231所示;接下来选择文本工具,沿着如图9-231所示的路径输入"送你一片海",设置字体为黑体,字号为14pt,颜色为黑色,然后放置回大圆当中,效果如图9-232所示;选择圆角矩形工具绘制一个圆角矩形,右击并在弹出的快捷菜单中选择"排列"→"后移一层"命令,效果如图9-233所示。

（4）选择星形工具绘制星形,并设置"角点数"参数为6,如图9-234所示。再设置颜色为C=21、M=87、Y=80、K=0。按Alt键复制2个图形,并调整大小。最后将图标放在盒子合适的位置,按快捷键Ctrl+G进行群组,最终效果如图9-235所示。

图 9-229

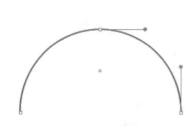

图 9-230 图 9-231 图 9-232

图 9-234

图 9-233 图 9-235

4．包装的文字绘制

（1）选择文字工具，输入文字"净含量："，设置字体为黑体，字号为 6pt，颜色为黑色，如图 9-236 所示。输入文字"180克"，设置字体为黑体，字号为 12pt，颜色为黑色，如图 9-237 所示。最后放置在合适的位置，如图 9-238 所示。

图　9-236

图　9-237

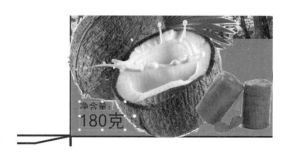

图　9-238

（2）接下来制作椰子糖的口味。选择"文件"→"置入"命令或按快捷键 Shift+Ctrl+P，置入命名为"榴莲"的图片，如图 9-239 所示，并调整图片大小以及放置到合适的位置，如图 9-240 所示。选择文字工具，输入文字"榴莲味"，设置字体为黑体，字号小为 6pt，颜色为白色，如图 9-241 所示。

图　9-239

图　9-240

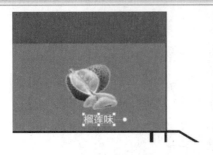

图　9-241

（3）接下来输入品牌名称。选择文字工具输入文字"椰牌零食"，设置字体为方
正舒体，字号为28pt，颜色为白色，如图9-242所示。为凸显效果加上英文单词，选择文
字工具输入英文coconut candy，设置字体为黑体，字号为18pt，颜色为白色，如图9-243
所示。然后选择"文字"→"更改大小写"→"大写"命令，效果如图9-244所示。

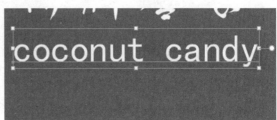

图　9-242　　　　　　　　　　　　　　　　　　图　9-243

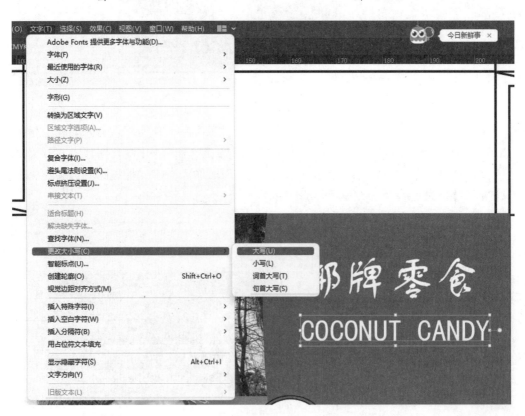

图　9-244

5.包装的细节绘制

（1）下面将做好的包装图复制到包装盒的另一面，将所有图片进行群组，按快捷键 Ctrl+G，然后按 Alt 键并按住鼠标左键不放复制拖动到包装盒的另一面，如图 9-245 所示。

图　9-245

（2）继续给包装盒铺色，选中"图层 2"，设置颜色为 C=82、M=29、Y=100、K=0，效果如图 9-246 所示。

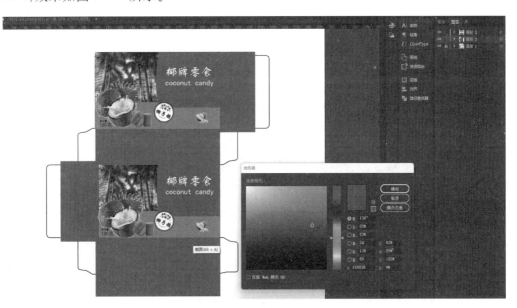

图　9-246

（3）接下来将品牌名称复制到两个封口上，按 Alt 键并按住鼠标左键不放复制拖动，最终效果如图 9-247 所示。

图　9-247

二、招贴设计

本案例制作的是关于毕业展的招贴设计,该设计主要运用矩形工具、多边形工具、直接选择工具、钢笔工具及"颜色填充"等功能。

本案例先利用矩形工具绘制招贴的背景装饰图形,再选择文字工具输入招贴设计的主题文字,然后运用直接选择工具调整字体的节点,制作成具有设计感的主题字,最后完成毕业展的主题招贴设计的制作。

1. 招贴的装饰图形设计

(1) 选择"文件"→"新建"命令,打开"新建文档"对话框,设置宽度为210mm,高度为297mm,纸张大小为A4、300像素,如图9-248所示。

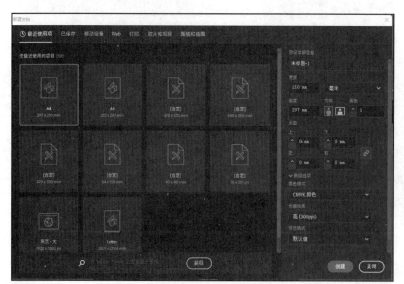

招贴的装饰图形设计

图　9-248

plain

（2）选择矩形工具,绘制一个和页面等大的矩形,设置颜色填充为 C=98、M=96、Y=57、K=37,描边色设置为"无",效果如图 9-249 所示。

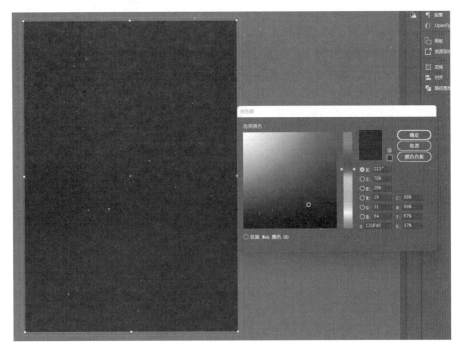

图　9-249

（3）选择文字工具,输入英文 DESIGN,设置字体为方正超粗黑,字号为 48pt,字间距为 75%,颜色为白色。为了避免后期文字的变化,在这里对文字进行创建轮廓,选中英文 DESIGN,右击并在弹出的快捷菜单中选择"创建轮廓"命令,或按快捷键 Ctrl+Shift+O,效果如图 9-250 所示。

（4）复制文字 DESIGN,颜色设置为 C=89、M=57、Y=46、K=2,描边色设置为 C=89、M=57、Y=46、K=2,描边数值为 1pt,并进行调整,效果如图 9-251 所示。

图　9-250　　　　　　　　　　　　　　　　图　9-251

（5）接下来绘制背景的装饰图案。选择矩形工具,绘制一个宽度为 24mm、高度为 14mm 的矩形,设置颜色填充为 C=72、M=92、Y=11、K=0,描边色设置为"无",放置在文字的左上方,效果如图 9-252 所示；继续绘制一个四边形,选择钢笔工具,绘制一个四边形,设置颜色填充为 C=91、M=74、Y=10、K=0,描边色设置为"无",效果如图 9-253 所示;用相同的方法再绘制一个平行四边形,设置颜色填充为 C=72、M=92、Y=11、K=0,描边色设置为"无",效果如图 9-254 所示;继续用钢笔工具绘制一个梯形,放置在合适的位置,设置颜色填充为 C=36、M=74、Y=8、K=0,描边色设置为"无",效果如图 9-255 所示。

图 9-252

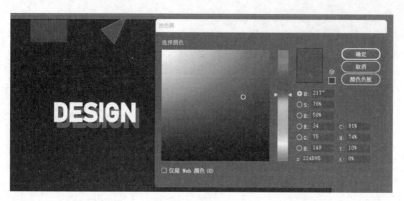

图 9-253

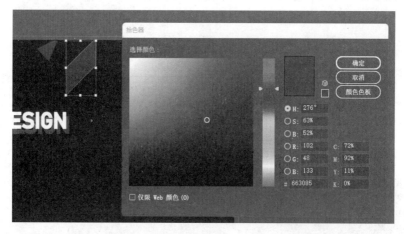

图 9-254

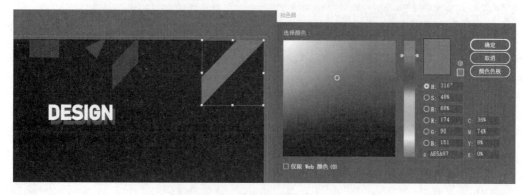

图 9-255

（6）接着选择椭圆工具，按 Shift 键绘制一个正圆，放置于梯形之上，设置颜色填充为 C=91、M=74、Y=10、K=0，效果如图 9-256 所示；继续用钢笔工具绘制一个平行四边形，并将其放置于文字的左下方，设置颜色填充为 C=36、M=74、Y=8、K=0，效果如图 9-257 所示；用同样的方法绘制一个三角形并置于平行四边形之上，设置颜色填充为 C=91、M=74、Y=10、K=0，效果如图 9-258 所示。

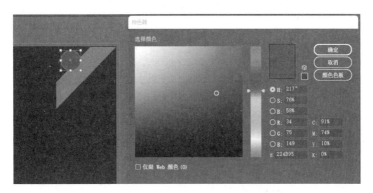

图 9-256

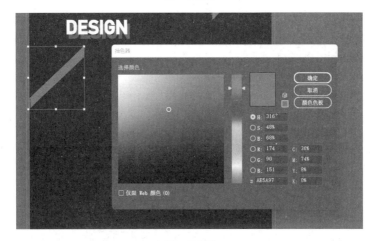

图 9-257

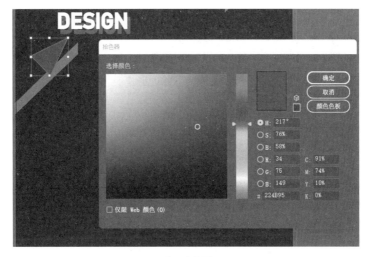

图 9-258

（7）复制一个平行四边形,运用节点工具进行大小调整,放置于文字之下,设置颜色填充为C=91、M=74、Y=10、K=0,效果如图 9-259 所示;将之前绘制的蓝色正圆进行复制,选中按 Alt 键并按住鼠标左键不放拖动进行复制,设置颜色填充为C=72、M=92、Y=11、K=0,调整至合适位置,效果如图 9-260 所示。

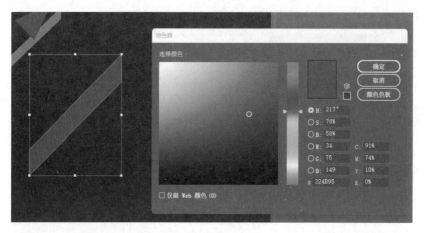

图 9-259

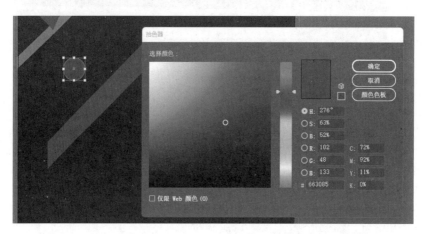

图 9-260

（8）接着选择矩形工具,按 Shift 键绘制一个正方形,放置于画面下方,设置颜色填充为C=36、M=74、Y=8、K=0,效果如图 9-261 所示;将之前绘制的紫色正圆进行复制,选中按 Alt 键并按住鼠标左键不放拖动进行复制,调整大小并放置于合适位置,效果如图 9-262 所示。

（9）拖动之前绘制的平行四边形,用选择工具调整大小,放置于正方形之上,设置颜色填充为C=91、M=74、Y=10、K=0,效果如图 9-263 所示;运用钢笔工具绘制一个半圆,放置于画面左下角,设置颜色填充为C=91、M=74、Y=10、K=0,效果如图 9-264 所示。

（10）拖动之前绘制的平行四边形,用选择工具调整大小,放置于画面右边,设置颜色填充为C=72、M=92、Y=11、K=0,效果如图 9-265 所示;继续选择矩形工具,按 Shift 键绘制一个正方形,放置于刚绘制的平行四边形之上,设置颜色填充为C=91、

M=74、Y=10、K=0,效果如图 9-266 所示;选择钢笔工具绘制一个四边形并将其放置于画面的右下角,设置颜色填充为 C=91、M=74、Y=10、K=0,效果如图 9-267 所示。

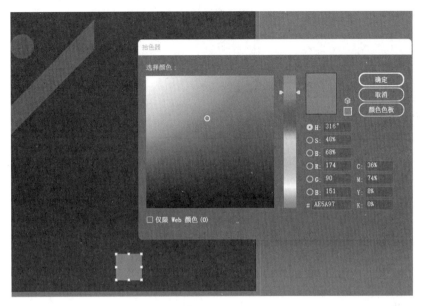

图　9-261

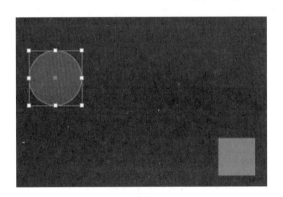

图　9-262

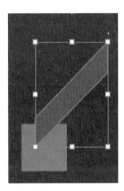

图　9-263

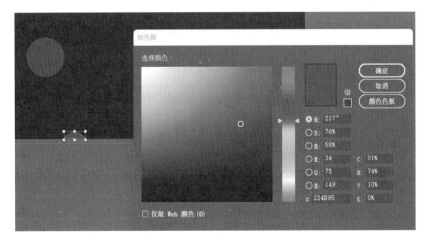

图　9-264

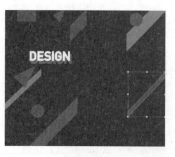

图 9-265

图 9-266

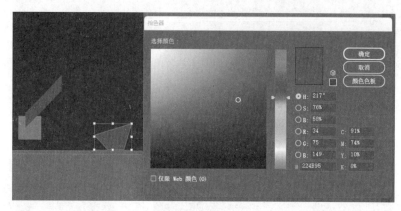

图 9-267

2．招贴的主题字设计

（1）选择文本工具，输入文字"2022 届毕业设计作品展"，设置字体为微软雅黑，字号大小为 26pt，颜色为白色，效果如图 9-268 所示。

图 9-268

（2）选择直线段工具，绘制一条斜线，设置描边颜色为 C=99、M=87、Y=13、K=0，描边粗细为 3pt，效果如图 9-269 所示；选择绘制好的斜线，按住 Alt 键并按住鼠标左键不放，再拖动鼠标进行复制，一共复制 15 次，最终效果如图 9-270 所示。

（3）接下来用钢笔工具绘制一个三角形，放置于画面中间，设置颜色填充为 C=72、M=92、Y=11、K=0，效果如图 9-271 所示。

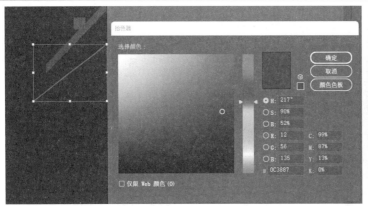

图　9-269

图　9-270

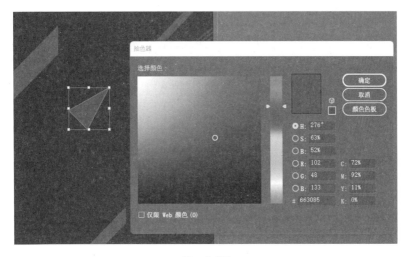

图　9-271

（4）选择文本工具，输入"05/03—05/12"，设置字体为微软雅黑，字号大小为19pt，颜色为白色，效果如图9-272所示。

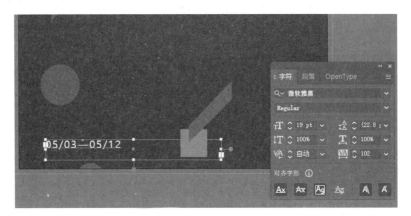

图　9-272

（5）接下来运用文字工具，输入文字"毕"，设置字体为方正超粗黑，字号为57pt，具体数值如图9-273所示；在这里对文字进行创建轮廓，选中"毕"，选择"创建轮廓"命令，或按快捷键 Ctrl+Shift+O，然后运用直接选择工具对节点进行调整，效果如图 9-274 所示。

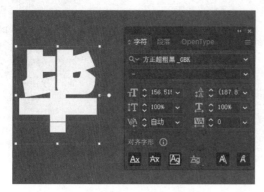

图　9-273

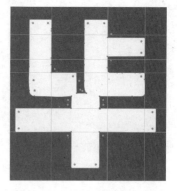

图　9-274

（6）接着选择椭圆工具，按 Shift 键进行正圆的绘制，并将其进行适当的调整且放置于合适的位置，这样第一个主题字就制作完成了，效果如图 9-275 所示。

（7）接下来制作第二个主题字"业"。运用文字工具，输入"业"并设置字体为方正超粗黑，字号为 157pt，在这里对文字进行创建轮廓操作，选中文字"业"，选择"创建轮廓"命令，或按快捷键 Ctrl+Shift+O，然后运用直接选择工具对节点进行调整，效果如图 9-276 所示。

（8）接下来制作第三和四的主题字"设计"。选择文字工具，输入文字"设计"，设置字体为方正超粗黑，字号为 157pt，在这里对文字进行创建轮廓，选中"设计"，选择"创建轮廓"命令，或按快捷键 Ctrl+Shift+O，然后运用直接选择工具对节点进行调整，效果如图 9-277 所示。

（9）制作最后主题字"展"。输入文字"展"，设置字体为方正超粗黑，字号为157pt，选中文字"展"，选择"创建轮廓"命令，或按快捷键 Ctrl+Shift+O，然后运用直接选择工具对节点进行调整，效果如图 9-278 所示。

图　9-275　　　　　图　9-276　　　　　图　9-277　　　　　图　9-278

（10）接下来进行复制，右击并在弹出的快捷菜单中选择"排列"→"向后移一层"命令，设置填充颜色为 C=89、M=57、Y=46、K=2，效果如图 9-279 所示。这样招贴的主题字就都做好了，最终展示效果如图 9-280 所示。

（11）接下来再用钢笔绘制一个平行四边形并将其放置于刚才的"展"字之上，设置填充颜色为 C=72、M=92、Y=11、K=0，效果如图 9-281 所示。

（12）下面继续用文字工具输入英文 ART，设置字体为方正兰亭中黑，字号为157pt，在这里对文字进行创建轮廓，调整文字间距及合适大小，最终效果如图 9-282所示。

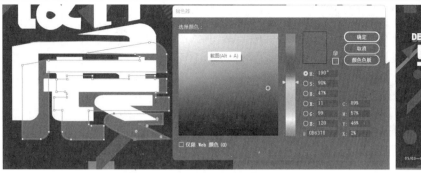

图　9-279　　　　　　　　　　　　　　　　　　　图　9-280

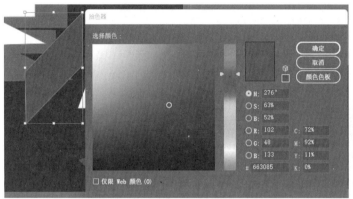

图　9-281　　　　　　　　　　　　　　　　　　　图　9-282

（13）复制刚刚做好的文字ART，设置填充颜色为C=89、M=57、Y=46、K=2，调整至合适大小，效果如图9-283所示。

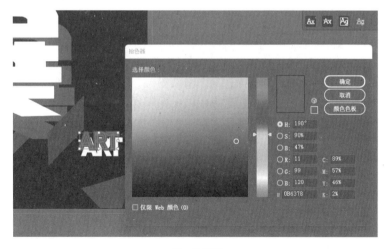

图　9-283

（14）最后用文字工具输入文字"艺术设计学院/视觉传达设计/数字媒体艺术"，设置字体为微软雅黑，字号为19pt，颜色为白色，效果如图9-284所示。

（15）招贴设计最终制作完成效果如图9-285所示。

图　9-284

图　9-285

第十章 UI 设 计

综合使用 Illustrator 中标尺工具、参考线、钢笔工具、绘图工具组等，可以实现图标和 App 界面设计与表现。在 AI 中可以更方便地完成界面的排版布局、绘制图形、上色、切图导出这样的一套流程，避免中途更换软件的情况。跟其他软件制作相比，AI 的矢量效果和对矢量对象的吸附更有利于设计的表现。

第一节 手机主题视觉设计

本案例制作的是手机主题视觉设计，该手机主题视觉设计运用到钢笔工具、矩形工具、椭圆工具和"路径查找器"等功能。

本案例先利用矩形工具绘制相应的矩形框，通过钢笔工具绘制每个图标，同时运用"路径查找器"制作特殊的图形，最后填充相应的描边颜色，完成手机主题视觉设计的制作。

1. 绘制电话图标

（1）打开 AI 软件，选择"新建"→"画板"命令新建画板，设置宽度为 210mm，高度为 297mm，设置如图 10-1 所示。

手机主题视觉设计

图 10-1

（2）选择矩形工具，绘制一个和页面一样大的矩形框，设置描边为"无"，颜色设置为 C=6、M=18、Y=14、K=0，效果如图 10-2 所示。

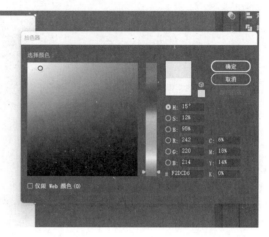

图 10-2

（3）下面绘制图标，先绘制"电话"图标，选择钢笔工具绘制一个电话的图标，设置描边为 4pt，设置描边颜色为 C=62、M=63、Y=7、K=0，如图 10-3 所示。

（4）选择椭圆工具，按 Alt 键绘制若干个正圆，并根据需要调整大小及位置，填充颜色设置为 C=25、M=71、Y=7、K=0，效果如图 10-4 所示。

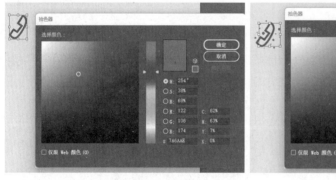

图 10-3   图 10-4

2．绘制信息图标

（1）接下来绘制第二个图标"信息"，选择椭圆工具绘制一个椭圆，接着用钢笔工具绘制一个三角形，选中刚刚绘制好的两个图形，在"路径查找器"面板中选择"联集"选项，设置描边为 4pt，设置描边颜色为 C=62、M=63、Y=7、K=0，最终效果如图 10-5 所示。

（2）选择圆角矩形工具，在刚刚制作好的对话框里，绘制三个圆角矩形，调整成合适大小，设置颜色为 C=25、M=71、Y=7、K=0。接下来制作画册的左边，选择画册右边刚刚制作完成的文字，进行复制，并拖动到合适位置，效果如图 10-6 所示。

（3）选择椭圆工具，按 Alt 键绘制若干个正圆，并根据需要调整大小及位置，设置填充颜色为 C=25、M=71、Y=7、K=0，效果如图 10-7 所示。这样第二个图标就制作完成了。

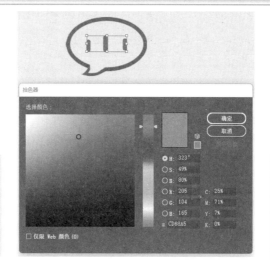

图 10-5　　　　　　　　　　图 10-6　　　　　　　　　　图 10-7

3．绘制日历图标

（1）接下来绘制第三个日历图标。选择钢笔工具绘制一个不规则的四边形，设置描边为 4pt，描边颜色为 C=62、M=63、Y=7、K=0，效果如图 10-8 所示；接下来继续选择钢笔工具绘制日历上的拉环，设置描边为 4pt，描边颜色为 C=25、M=71、Y=7、K=0，效果如图 10-9 所示。

（2）选择文字工具，输入数字 9，设置字体为微软雅黑，字号为 37pt，颜色为 C=25、M=71、Y=7、K=0，效果如图 10-10 所示；选择椭圆工具，按 Alt 键绘制若干个正圆，并根据需要调整大小及位置，设置填充颜色为 C=25、M=71、Y=7、K=0，最终效果如图 10-11 所示。

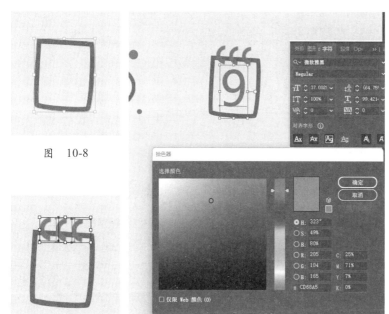

图　10-8

图　10-9　　　　　　　　　图　10-10　　　　　　　　图　10-11

（3）继续绘制第四个图标"照相机"。选择钢笔工具绘制相机的上半部分，设置颜色填充为 C=25、M=71、Y=7、K=0，效果如图 10-12 所示；接下来选择圆角矩形工具绘制相机的主体部分，设置描边为 4pt，描边颜色为 C=62、M=63、Y=7、K=0，效果如图 10-13 所示。

图　10-12

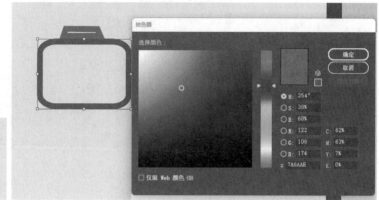

图　10-13

（4）继续选择椭圆工具，按 Alt 键绘制一个正圆，设置描边颜色为 C=25、M=71、Y=7、K=0，描边为 4pt，效果如图 10-14 所示；选择椭圆工具，按 Alt 键绘制若干个正圆，并根据需要调整大小及位置，设置填充颜色为 C=25、M=71、Y=7、K=0，最终效果如图 10-15 所示。

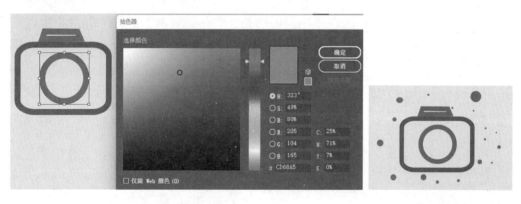

图　10-14

图　10-15

4．绘制信封图标

（1）绘制信封图标。按照上述方法，绘制该图标，效果如图 10-16 所示。

（2）绘制计算器图标。选择圆角矩形工具绘制加号，先绘制一个横向的矩形，设置颜色为 C=62、M=63、Y=7、K=0，如图 10-17 所示；接下来运用相同的方法绘制纵向的圆角矩形，如图 10-18 所示。

图　10-16

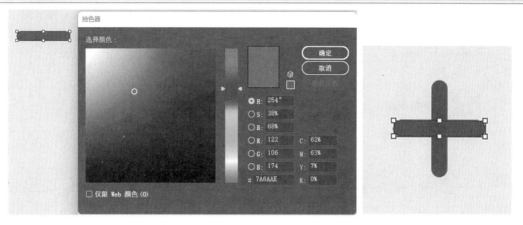

<table>
<tr><td>图 10-17</td><td>图 10-18</td></tr>
</table>

（3）接下来绘制圆角矩形作为减号，设置颜色为 C=25、M=71、Y=7、K=0，效果如图 10-19 所示；继续选择圆角矩形工具，绘制两个相交的矩形并设置颜色为 C=25、M=71、Y=7、K=0，最终效果如图 10-20 所示。

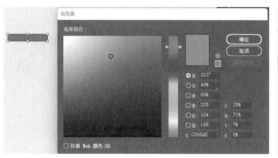

<table>
<tr><td>图 10-19</td><td>图 10-20</td></tr>
</table>

（4）继续绘制除号。选择圆角矩形工具绘制一个圆角矩形，设置颜色为 C=62、M=63、Y=7、K=0，如图 10-21 所示；选择椭圆工具，按 Alt 键绘制两个正圆，设置颜色为 C=62、M=63、Y=7、K=0，如图 10-22 所示；继续选择椭圆工具，绘制若干个正圆，这样一个计算机图标就制作好了，最终如图 10-23 所示。

<table>
<tr><td>图 10-21</td><td>图 10-22</td></tr>
</table>

（5）按照上述方法绘制"联系人"和"音乐"的图标，如图 10-24 所示。

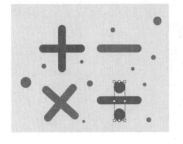

图　10-23

图　10-24

（6）接下来绘制视频图标。选择钢笔工具绘制一个三角形，设置描边为 4pt，描边颜色为 C=62、M=63、Y=7、K=0，效果如图 10-25 所示；用相同的方法绘制一条曲线，设置描边及其颜色跟上一步骤相同，效果如图 10-26 所示。

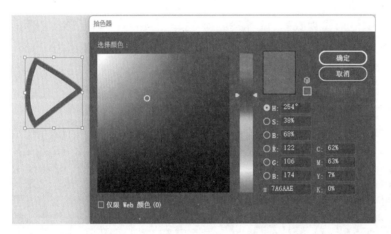

图　10-25

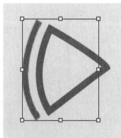

图　10-26

（7）接下来运用钢笔工具绘制一个三角形，设置填充颜色为 C=25、M=71、Y=7、K=0，如图 10-27 所示；继续选择椭圆工具，绘制若干个正圆，这样一个视频图标就制作好了，最终如图 10-28 所示。

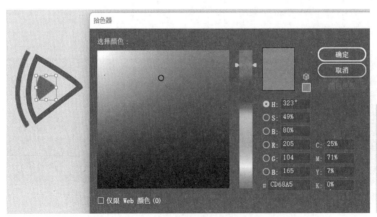

图　10-27

图　10-28

5．绘制"图库"与"时间"图标

（1）按照上述方法绘制"图库"图标，最终如图 10-29 所示。

（2）绘制"时间"图标。首先选择椭圆工具，按 Alt 键绘制一个正圆，设置描边为 4pt，描边颜色为 C=62、M=63、Y=7、K=0，效果如图 10-30 所示；接着选择圆角矩形工具绘制若干个矩形条，作为钟表里的时间，设置填充颜色为 C=62、M=63、Y=7、K=0，效果如图 10-31 所示。

图　10-29

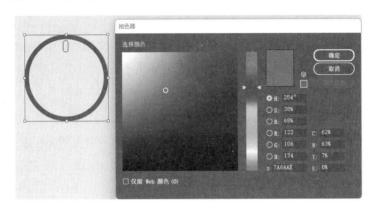

图　10-30

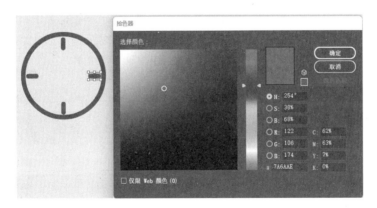

图　10-31

（3）继续绘制矩形条作为指针，设置颜色填充为 C=25、M=71、Y=7、K=0，效果如图 10-32 所示；继续选择椭圆工具，绘制若干个正圆，这样一个视频图标就制作好了，最终效果如图 10-33 所示。

6．绘制"麦克风"与"天气"图标

（1）按照上述方法绘制图标"麦克风"，最终效果如图 10-34 所示。

（2）绘制"天气"图标。选择钢笔工具绘制一个白云图形，设置描边为 4pt，描边颜色为 C=62、M=62、Y=7、K=0，效果如图 10-35 所示。

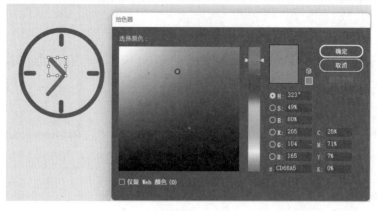

图 10-32

图 10-33

图 10-34

图 10-35

（3）继续用钢笔工具绘制太阳图形，设置描边为 4pt，描边颜色为 C=25、M=71、Y=7、K=0，如图 10-36 所示；然后选择矩形工具，绘制若干个矩形块，设置填充颜色为 C=25、M=71、Y=7、K=0，效果如图 10-37 所示；继续选择椭圆工具，绘制若干个正圆，这样一个视频图标就制作好了，最终效果如图 10-38 所示。

图 10-36

图 10-37

图 10-38

7. 绘制"升级"与"下载"图标

（1）绘制升级图标。选择多边形工具绘制一个三角形，再选择一个矩形工具绘制一个长方形，将这两个图形放在一起，在"路径查找器"面板中单击"联集"按钮，如图 10-39 所示；继续选择椭圆工具，绘制若干个正圆，这样一个视频图标就制作好了，最终效果如图 10-40 所示。

（2）按照"升级"图标的制作方法，绘制"下载"图标，效果如图 10-41 所示。

（3）按照上述方法，绘制剩下的图标，最终效果如图 10-42 所示。

好

好

好

好

好

好

好

好

好

好

好

好

好

好

好

好

好

好

好

好

好

好

好

好

好

好

好

好

好

好

好

好

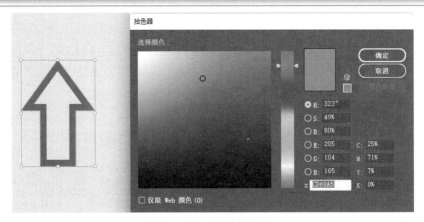

图 10-39

图 10-40

图 10-41

图 10-42

第二节　App 界面视觉设计

本案例是 App 界面视觉设计的相关内容,该界面的设计会用到之前常用的矩形工具、文字工具、钢笔工具等。

本案例先利用矩形工具绘制界面的大背景,通过文字工具输入界面设计需要的文字内容,运用圆角矩形工具绘制界面的装饰条,最后用钢笔工具绘制小图标,完善 App 的界面设计。

1．欢迎界面设计

（1）新建一个页面用于制作 App 欢迎界面，打开 AI 软件，选择
"文件"→"新建"命令，在打开的对话框中设置页面大小宽度为
210mm，高度为380mm，分辨率为300dpi，具体设置如图 10-43 所示。

App 界面视觉设计 1

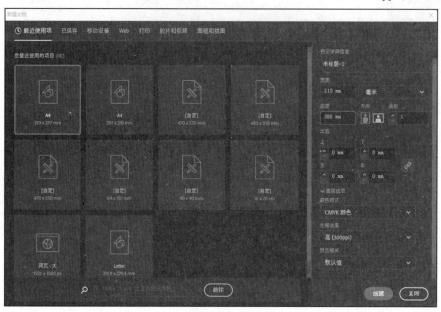

图　10-43

（2）选择矩形工具，绘制一个和页面等大的矩形框，设置颜色为 C=5、M=52、
Y=27、K=0，调整透明度为 22%，效果如图 10-44 所示。

（3）接下来绘制手机上方的信号显示与时间。选择矩形工具绘制一个长方形条，
设置宽度为 18mm，高度为 38mm，然后按 Alt 键并按住鼠标左键不放进行拖动，完成
4 次复制，调整大小，完成信号的制作，效果如图 10-45 所示。

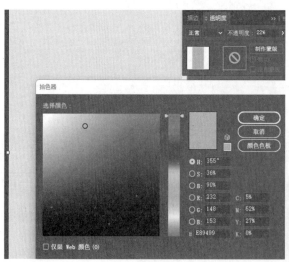

图　10-44

图　10-45

（4）接着选择文字工具，输入"中国移动 4G"以及"下午 12：10""63%"，设置字体为微软雅黑，字号为14pt，颜色为黑色，效果如图10-46所示。

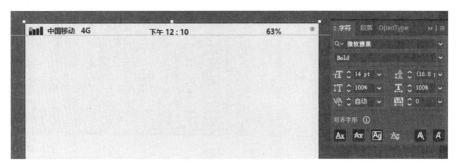

图 10-46

（5）接下来绘制电池电量显示图形。选择圆角矩形工具绘制一个长方形，设置圆角为 0.5pt，高度为 381mm，宽度为 210mm，设置颜色为"无"，描边为黑色，描边粗细为 1pt，效果如图 10-47 所示；接下来绘制电池内部的电量，选择矩形工具绘制，设置颜色为黑色，效果如图 10-48 所示。这样一个电池就制作好了。

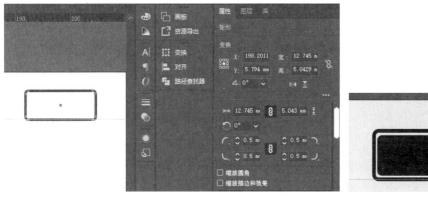

图 10-47   图 10-48

2．欢迎界面主题图形与主题语设计

（1）接下来绘制欢迎界面的主题图形。运用钢笔工具绘制一个鲸鱼的外轮廓，设置描边颜色为 C=30、M=97、Y=10、K=0，描边粗细为 5pt，效果如图 10-49 所示；接下来继续用钢笔工具绘制鲸鱼的肚子，"描边颜色"和鲸鱼外轮廓色彩一致，描边粗细为 3pt，效果如图 10-50 所示。

（2）继续选择钢笔工具绘制鲸鱼身体上面的纹样，"描边颜色"与粗细与肚子的设置一致，效果如图 10-51 所示。

（3）最后完成鲸鱼眼睛的绘制。选择椭圆工具，按 Alt 键绘制一个正圆，接着复制这个正圆，调整合适的大小，一个鲸鱼的眼睛就绘制完成了。这样一个完整的鲸鱼线稿就制作完成了，最终效果如图 10-52 所示。

（4）绘制完鲸鱼的线稿之后，紧接着来给鲸鱼上色。首先选中鲸鱼外轮廓，设置填充颜色为 C=12、M=69、Y=0、K=0，效果如图 10-53 所示；选中鲸鱼的肚子，设置填充颜色为 C=7、M=49、Y=3、K=0，效果如图 10-54 所示。

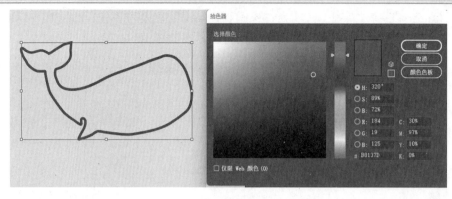

图　10-49

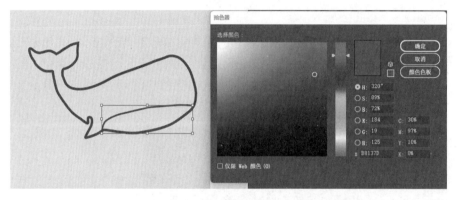

图　10-50

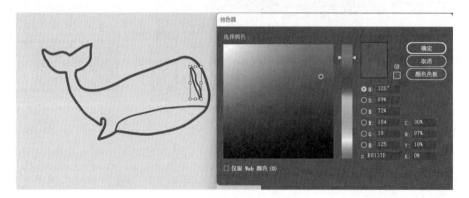

图　10-51

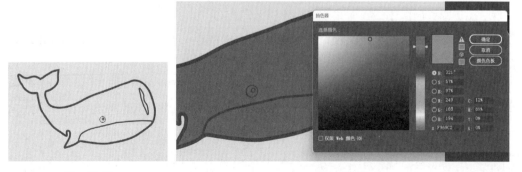

图　10-52　　　　　　　　　　　　　　图　10-53

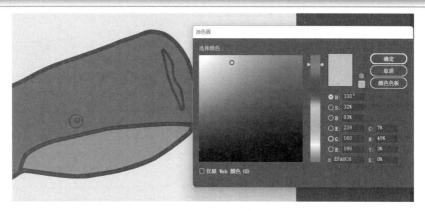

图 10-54

（5）接着选中鲸鱼的纹样，设置填充颜色为 C=30、M=97、Y=10、K=0，将设置描边为"无"，效果如图 10-55 所示；接着选中鲸鱼的眼睛，将外圆颜色填充为 C=30、M=97、Y=10、K=0，设置描边为"无"，将内圆颜色填充为白色，最后将鲸鱼群组，按快捷键 Ctrl+G 完成群组命令操作。这样一个鲸鱼就制作完成了，最终效果如图 10-56 所示。

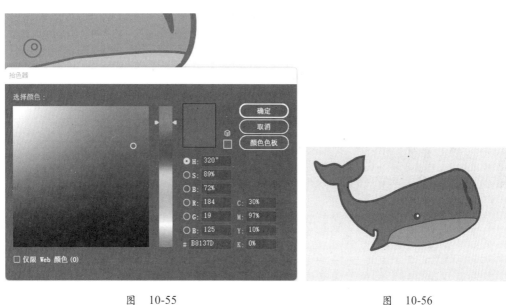

图 10-55　　　　　　　　　　　　　　　图 10-56

（6）用钢笔工具绘制云朵，颜色填充为白色，调整透明度为 70%，效果如图 10-57 所示。

（7）接下来绘制鲸鱼下方的主题语。先选择钢笔工具绘制一条路径，效果如图 10-58 所示；然后运用文本工具沿着路径输入英文 undedelly，设置字体为方正黄草 _GBK，字号大小为 55pt，设置颜色为 C=30、M=99、Y=27、K=0，效果如图 10-59 所示。

（8）最后制作界面主题语。选择文字工具，输入"运动点亮生活"，设置字体为青鸟华光简胖头鱼，字号大小为 72pt，颜色设置为黑色，设置参数如图 10-60 所示。这样一个完整的欢迎界面就制作好了,最终效果如图 10-61 所示。

图 10-57

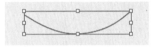

图 10-58

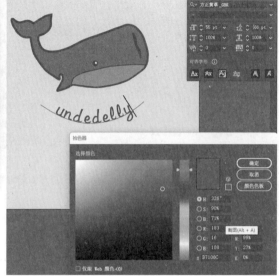

图 10-59

图 10-60

图 10-61

3．界面一样式设计（左边）

（1）接下来开始制作"界面样式"。新建一个画板,选择"画板"→"新建画板"命令,设置如图 10-62 所示;选择文字工具输入"选择您喜欢的界面样式",设置字体为微软雅黑,字号大小为 38pt,颜色设置为黑色,如图 10-63 所示;在此文字下面继续选择文字工具输入"极简或直观",设置字体为微软雅黑,字号大小为 30pt,颜色设置为 80% 黑色,如图 10-64 所示。

（2）接下来绘制界面模式。选择矩形工具,绘制一个宽度为 84mm、高度为 95mm 的矩形,数值设置如图 10-65 所示;设置左上角和右上角的圆角为 10mm,数值设置如图 10-66 所示;按 Alt 键并按住鼠标左键不放拖动进行复制,这样两个界面风格第一步就制作完成了,效果如图 10-67 所示。

（3）接下来增加投影。选择"效果"→"风格化"→"投影"命令,打开"投影"对话框,设置数值如图 10-68 所示。

图　10-62　　　　　　　　　　　　　　　　　　图　10-63

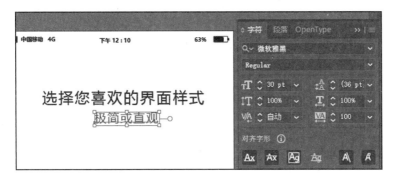

App 界面视觉设计 2

图　10-64

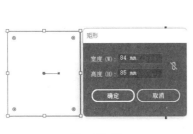

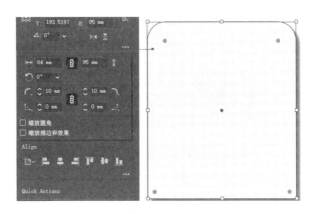

图　10-65　　　　　　　　　　　　　　　　　　图　10-66

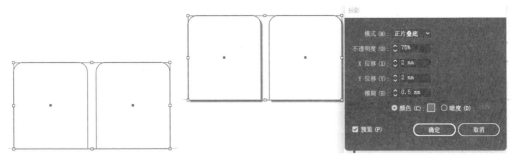

图　10-67　　　　　　　　　　　　　　　　　　图　10-68

（4）下面绘制风格类型。选择圆角矩形工具绘制一个长方形，设置填充颜色为 C=16、M=0、Y=9、K=0，然后复制一个并调整大小，设置填充颜色为 C=55、M=0、Y=33、K=0，效果如图 10-69 所示。

（5）参照以上方式制作剩下两个长方形，最终效果如图 10-70 所示。

（6）接下来绘制小图标。选择钢笔工具绘制三个长方形上面的小图标，设置颜色为黑色，最终效果如图 10-71 所示。

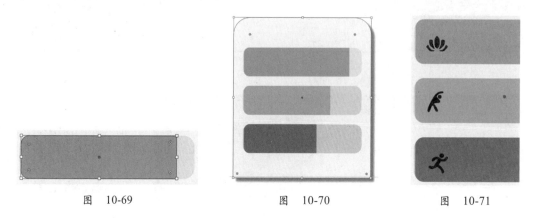

图 10-69　　　　　　图 10-70　　　　　　图 10-71

（7）接下来在长方形条上选择文字工具输入相应的文字，设置字体为微软雅黑，字体大小为 18pt，最终效果如图 10-72 所示。

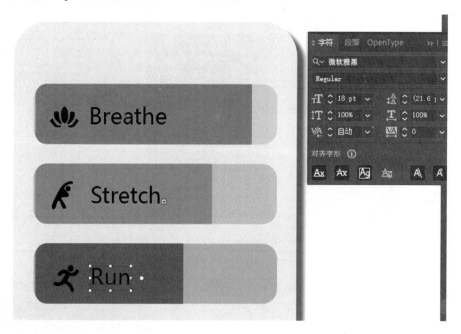

图 10-72

4．界面一样式设计（右边）

（1）接下来制作右边的界面。选择刚制作好的图标和文字，按 Alt 键并按住鼠标左键不放进行复制，在色板上将三个图标颜色填充为绿色、黄色、红色，如图 10-73 所示。

（2）接下来选择矩形工具绘制三个长方形条,设置填充颜色为绿色、黄色、红色,效果如图 10-74 所示。

5．界面一模式设计

（1）继续绘制界面模式选择按钮。选择圆角矩形工具绘制,设置宽度为 59mm,高度为 12mm,圆角半径为 5mm,描边颜色为 C=0、M=78、Y=39、K=0,描边粗细为 2pt,效果如图 10-75 所示。

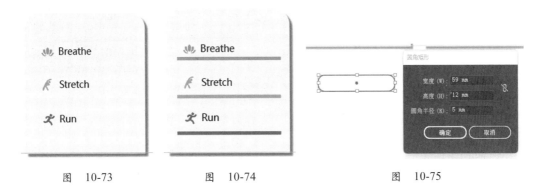

图 10-73   图 10-74   图 10-75

（2）选择文字工具输入"直观模式",设置字体为微软雅黑,字号为 24pt,颜色为 C=0、M=78、Y=39、K=0,效果如图 10-76 所示。

图 10-76

（3）运用相同的方法,制作右边的选择"模式"按钮,最终效果如图 10-77 所示。

（4）继续选择文字工具,输入文字"选择后继续",字体为微软雅黑,字号大小为 24pt,颜色为 60% 黑色,效果如图 10-78 所示。

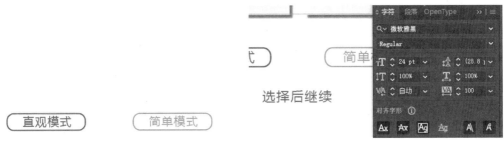

图 10-77   图 10-78

（5）接着绘制最后一个按钮。选择圆角矩形工具，设置宽度为 82mm，高度为 22mm，圆角半径为 10mm，设置颜色为 C=0、M=78、Y=39、K=0，如图 10-79 所示。

（6）选择文字工具，输入文字"继续"，字体为微软雅黑，字号大小为 36pt，颜色为白色，效果如图 10-80 所示。

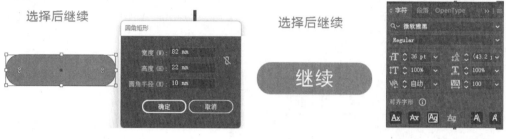

图 10-79　　　　　　　　　　　　　　图 10-80

（7）最后绘制切换页面的圆点按钮。选择椭圆工具，按 Alt 键绘制 5 个正圆，中间正圆颜色填充为 C=0、M=78、Y=39、K=0，剩下的调整其透明度为 34%，效果如图 10-81 所示。这样第一个界面就制作完成了，最终效果如图 10-82 所示。

图 10-81　　　　　　　　　　　图 10-82

6. 界面二内容设计

（1）接下来开始制作"内容"。新建一个画板，选择"画板"→"新建画板"命令，设置如图 10-83 所示。

（2）复制之前制作的时间和信号图案，拖动其到新建画板合适的位置，如图 10-84 所示；选择圆角矩形工具，设置宽度为 44.5mm，高度为 16mm，圆角半径为 8mm，设置颜色为 C=7、M=38、Y=11、K=0，效果如图 10-85 所示。

图 10-83

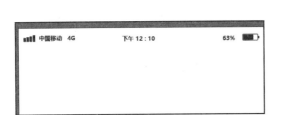

图　10-84

图　10-85

（3）在这个矩形上选择文字工具，输入文字"所有"，设置字体为白色，字体为微软雅黑，字号大小为 24pt，效果如图 10-86 所示；然后选择钢笔工具，绘制一个对号"√"，颜色为白色，描边粗细为 3pt，最终效果如图 10-87 所示。

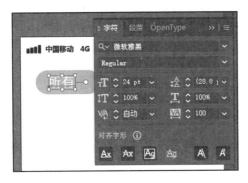

图　10-86

App 界面视觉设计 3

图　10-87

（4）接下来选择文字工具，输入文字"今日"，设置参数如图 10-88 所示；接着在刚输入的文字右边，并排绘制一个正圆，选择椭圆工具，按 Alt 键绘制一个正圆，颜色填充为黄色，在此上面用文字工具输入字符问号"？"，颜色填充为白色，最终效果如图 10-89 所示。

图　10-88

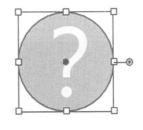

图　10-89

（5）接下来绘制星期的图标。选择椭圆工具，按 Alt 键绘制正圆，按 Alt 键同时按住鼠标左键不放拖动进行复制，最后呈现 7 个正圆，设置描边粗细参数为 3pt，填充颜色为 C=7、M=38、Y=11、K=0，效果如图 10-90 所示；在正圆中选择文字工具输入文字"六日一二三四五"，设置字体为微软雅黑、字号大小为 36pt，填充颜色为 C=7、M=38、Y=11、K=0，最终效果如图 10-91 所示。

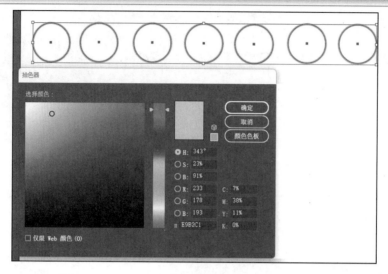

图 10-90

图 10-91

7. 界面二主题图形设计

（1）接下来绘制界面的主图形。选择椭圆工具，按 Alt 键绘制一个正圆，设置颜色为 C=4、M=12、Y=7、K=0，效果如图 10-92 所示。

（2）接下来选择钢笔工具绘制火箭的外形，设置描边粗细为 3pt，描边颜色为 C=7、M=25、Y=14、K=0，效果如图 10-93 所示。

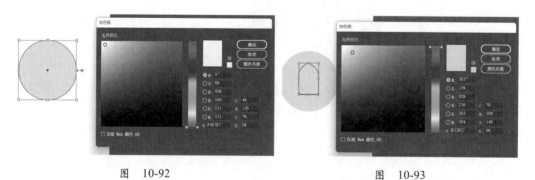

图 10-92   图 10-93

（3）选择椭圆工具，按 Alt 键绘制一个正圆，参数和火箭外轮廓一致，效果如图 10-94 所示；选择钢笔工具绘制火箭的两个尾部，先用钢笔工具绘制好一个尾部，然后选中绘制好的尾部，右击并在弹出的快捷菜单中选择"变换"→"镜像"→"垂直镜像"

命令,然后调整到合适位置,效果如图 10-95 所示。

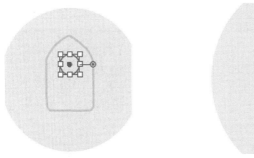

图 10-94

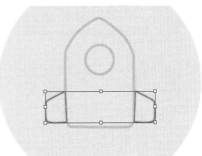

图 10-95

(4)接下来绘制火箭尾部的火星。选择"圆角矩形",设置填充颜色为 C=7、M=25、Y=14、K=0,效果如图 10-96 所示;接着选择椭圆工具,绘制若干个正圆,设置描边粗细为 3pt,颜色和火箭颜色一致,效果如图 10-97 所示。

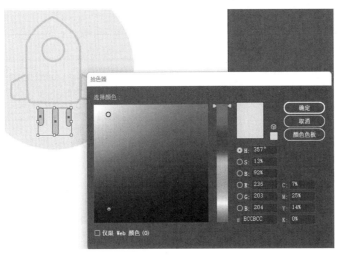

图 10-96

图 10-97

(5)继续选择椭圆工具绘制若干个正圆,设置填充颜色为 C=7、M=25、Y=14、K=0,效果如图 10-98 所示;接着绘制一些装饰线,选择钢笔工具进行绘制,设置描边粗细为 3pt,效果如图 10-99 所示。

图 10-98

图 10-99

（6）选择文字工具，如输入"好习惯助你天天向上，单击'+'添加习惯"。设置字体为微软雅黑，字号大小为28pt，效果如图10-100所示。

图　10-100

8．界面二图标设计

（1）接下来绘制界面选择的图标。选择矩形工具，绘制一个宽为43mm、高为33mm的矩形，设置颜色为C=0、M=0、Y=0、K=10，放置于画面左下角，效果如图10-101所示。

（2）接下来选择直线工具，绘制一条描边粗细为2pt的直线，设置颜色为C=0、M=0、Y=0、K=50，放置于刚绘制的矩形之上，效果如图10-102所示；继续绘制图标，选择椭圆工具并按Alt键绘制一个正圆，设置颜色为C=0、M=78、Y=39、K=0，效果如图10-103所示。

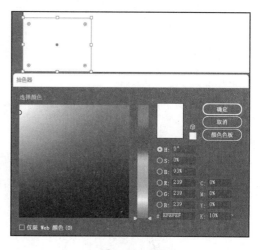

图　10-101

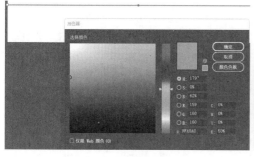

图　10-102

图　10-103

（3）选择直线工具，绘制两条相交的直线，设置描边粗细为4pt，描边颜色为白色，效果如图10-104所示；接下来绘制第二个图标，选择钢笔工具进行绘制，填充不同的灰色，效果如图10-105所示；用相同的方式绘制第3～5个图标，效果如图10-106所示。最终展示效果如图10-107所示。

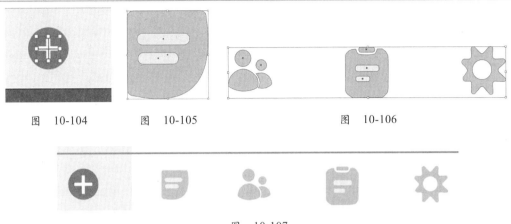

图 10-104　　　图 10-105　　　　　图 10-106

图　10-107

（4）在刚才绘制的图标上方绘制一个对话框。可以选择钢笔工具进行绘制，或者选择圆角矩形工具绘制一个圆角矩形，同时运用多边形工具绘制一个三角形，同时选中圆角矩形和三角形，在"路径查找器"面板中单击"联集"按钮，效果如图 10-108所示。

图　10-108

（5）接着给对话框图标写入文字。选择文字工具输入"单击这里，快来创建你的第一个习惯吧！"设置字体为微软雅黑，字号大小为 21pt，设置颜色为 C=0、M=0、Y=0、K=80，效果如图 10-109 所示。

图　10-109

（6）这样一个页面就制作完成了，最后效果如图 10-110 所示。

9．界面三内容设计

（1）接下来做第三个页面。新建一个画板，选择"画板"→"新建画板"命令，同时复制之前做好的信号和时间的图标，设置如图 10-111 所示。

图 10-110

图 10-111

（2）选择直线工具，绘制两条相交的直线，设置描边粗细为5pt，颜色为黑色，效果如图10-112所示；接下来选择文字工具输入"新习惯"三个字，设置字体为微软雅黑，字号大小为36pt，颜色为黑色，效果如图10-113所示。

图 10-112

图 10-113

（3）选择圆角矩形工具和多边形工具，绘制一个矩形条和三角形，并同时选中，效果如图10-114所示；接着在"路径查找器"面板中单击"联集"按钮，最终形成效果如图10-115所示；接下来选择文字工具输入文字"更多习惯"，设置字体为微软雅黑，字号大小为20pt，颜色为黑色，效果如图10-116所示。

（4）选择钢笔工具绘制一个小房子，设置填充颜色为C=0、M=78、Y=36、K=0，效果如图10-117所示。这样第一块内容就设计完成了。

（5）接着绘制第二行内容。首先选择直线工具绘制两条垂直相交的直线，设置描边粗细为4pt，描边颜色为C=62、M=0、Y=44、K=0，效果如图10-118所示；接下来用文字工具输入文字"自定义习惯"，设置字体为黑体，字号大小为20pt，颜色为黑色，效果如图10-119所示。

（6）接下来选择钢笔工具，绘制一个小箭头，设置描边粗细为3pt，描边颜色为C=0、M=0、Y=0、K=30，如图10-120所示。这样第二行内容就设计完成了。

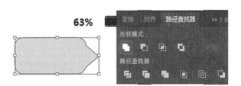

图　10-115

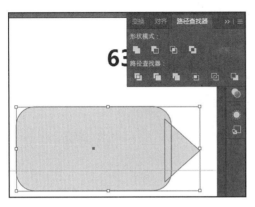

图　10-114

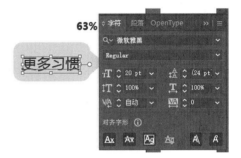

图　10-116

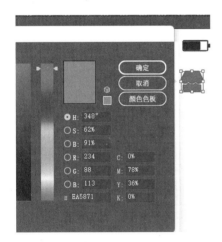

图　10-117

图　10-118

图　10-119

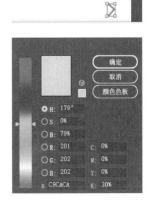

图　10-120

（7）接下来绘制第三行内容。先选择文字工具输入"运动"二字，设置字体为黑体，字号大小为30pt，颜色为黑色，效果如图10-121所示。接下来运用钢笔工具绘制一个箭头，设置描边粗细为3pt，颜色为黑色，放置于画面的右边，效果如图10-122所示。这样第三行就制作完成了。

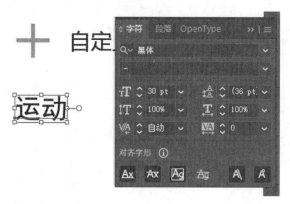

图 10-121　　　　　　　　　　　图 10-122

10．界面三主题图标内容设计

（1）最后制作主题内容。选择钢笔工具绘制小图标，根据需要设置相应的颜色，效果如图10-123所示。

（2）接下来选择文字工具，输入"走路"二字，设置字体为黑体，字号大小为25pt，颜色为黑色，效果如图10-124所示。

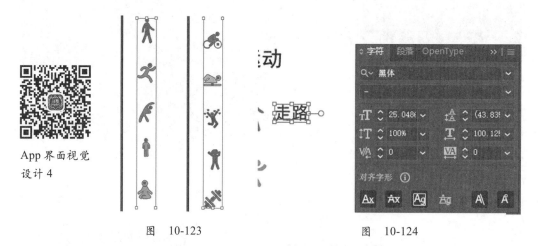

App 界面视觉设计4

图 10-123　　　　　　　　　　图 10-124

（3）按照上述方法完成以下的文字"走路、跑步、拉伸、站立、瑜伽、骑车、游泳、燃脂、锻炼、无氧运动"的输入，最终效果如图10-125所示。

（4）选择钢笔工具绘制一个对号"√"，设置描边粗细为3pt，描边颜色为C=0、M=78、Y=36、K=30，效果如图10-126所示。

（5）接着继续用钢笔工具绘制一个向左的箭头，设置描边粗细为3pt，描边颜色为C=0、M=0、Y=0、K=30。然后复制8次，效果如图10-127所示。这样第三个界面就制作完成了，最终效果如图10-128所示。

图 10-125

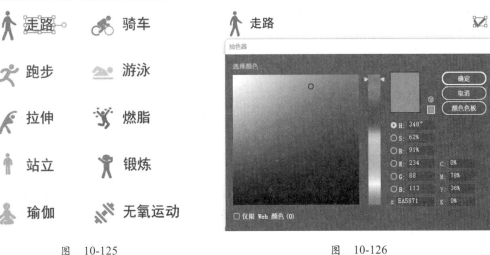

图 10-126

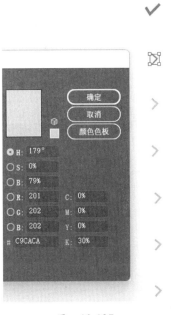

图 10-127

图 10-128

11. 界面四主题图标内容设计

（1）接下来制作第四个页面。新建一个画板,选择"画板"→"新建画板"命令,同时复制之前做好的信号和时间的图标,设置如图 10-129 所示。

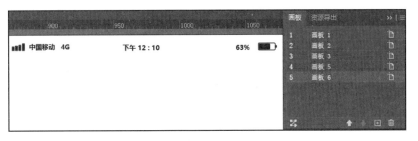

图 10-129

295

（2）选择钢笔工具，绘制一个向左的箭头，设置描边粗细为4pt，描边颜色为黑色，效果如图10-130所示。

（3）接着选择钢笔工具，绘制一个作拉伸状的小人，或者复制之前绘制过的小人，设置填充颜色为C=11、M=62、Y=0、K=0，效果如图10-131所示。

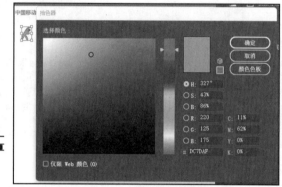

图　10-130　　　　　　　　　　图　10-131

（4）接着选择文字工具，输入"拉伸"二字，设置字体为黑体，字号大小为35pt，颜色为黑色，效果如图10-132所示；继续选择文字工具，输入"目标"二字，设置字体为黑体，字号大小为29pt，颜色为黑色，效果如图10-133所示。

图　10-132　　　　　　　　　　图　10-133

（5）选择圆角矩形工具，设置宽度为34mm，高度为12mm，圆角半径为6mm。然后复制两次，最后效果如图10-134所示；接着用直线工具绘制一条斜线，描边为4pt，设置颜色为C=7、M=5、Y=5、K=0，效果如图10-135所示；选择文本工具输入文字"10、分、每日"，设置字体为黑体，字号为24pt，颜色为黑色和灰色，效果如图10-136所示。

（6）继续用文字工具输入"频率"二字，设置字体为黑体、字号为29pt，颜色为黑色，效果如图10-137所示；接下来选择圆角矩形工具，绘制一个长条矩形，设置颜色为C=7、M=5、Y=5、K=0；继续选择圆角矩形工具绘制一个较短的矩形，设置颜色为C=12、M=62、Y=0、K=0，最终效果如图10-138所示。

（7）继续选择文字工具，输入文字"每日、每周、每月"，设置字体为黑体，字号大小为21pt，颜色为灰色，效果如图10-139所示。

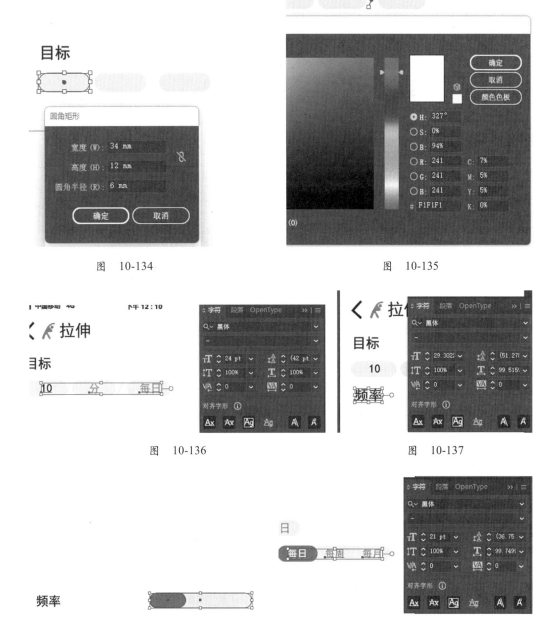

图　10-134

图　10-135

图　10-136

图　10-137

图　10-138

图　10-139

　　（8）继续制作第三行。选择圆角矩形工具绘制一个宽度 23mm，高度为 12mm，圆角半径为 6mm，绘制完成后复制 6 次，最终形成 7 个圆角矩形，最终效果如图 10-140 所示；运用文字工具输入文字"周一、周二、周三、周四、周五、周六、周天"，设置字体为黑体、字号为 24pt，颜色为白色，效果如图 10-141 所示。

　　（9）继续制作下一部分。用文字工具输入文字"时间段"，设置字体为黑体，字号大小为 29pt，颜色为黑色，效果如图 10-142 所示；选择圆角矩形工具绘制一个较长的矩形，三个较短的矩形，颜色填充为粉色和灰色，效果如图 10-143 所示；用文字工具

输入相应文字,设置字体为黑体,字号为24pt,颜色为白色和灰色,效果如图10-144
所示。

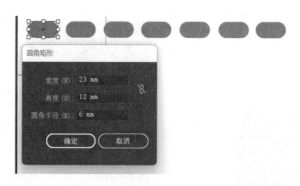

图 10-140

图 10-141

图 10-142

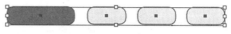

图 10-143

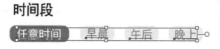

图 10-144

（10）继续选择文字工具输入"提醒"二字,设置字体为黑体、字号为29pt,颜色
为黑色,如图10-145所示;在"提醒"的右边绘制图形,选择圆角矩形工具和多边形
工具,绘制一个矩形条和三角形,并同时选中,在"路径查找器"面板中单击"联集"

按钮,颜色填充为灰色,如图 10-146 所示;最后选择圆角矩形工具绘制一个圆角矩形,颜色填充为灰色,如图 10-147 所示;继续用文字工具输入相应的文字,设置字体为黑体,颜色为黑色,效果如图 10-148 所示。

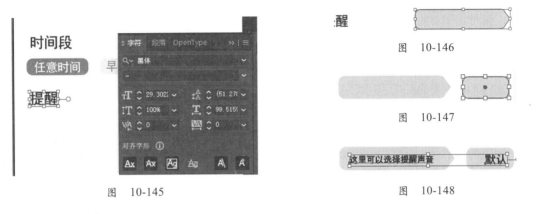

图 10-145

图 10-146

图 10-147

图 10-148

(11) 按照之前的操作方法制作如图 10-149 所示的图形。

图 10-149

(12) 接下来运用圆角矩形工具、文字工具、钢笔工具按照之前的制作方法绘制如图 10-150 所示的图形。最终制作效果如图 10-151 所示。

图 10-150

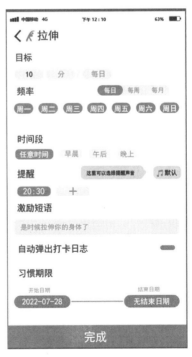

图 10-151

（13）这样一个 App 界面就制作完成了，最终制作效果如图 10-152 所示。

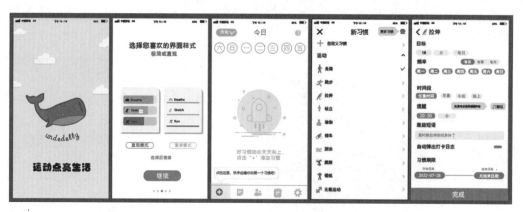

图　10-152

参 考 文 献

[1] 创锐设计 . Illustrator CC 平面设计实战从入门到精通 [M]. 北京：机械工业出版社，2018.

[2] 数字艺术教育研究室 . 中文版 Illustrator CS6 基础培训教程 [M]. 北京：人民邮电出版社，2022.

[3] 唯美世界 . Illustrator CC 从入门到精通 PS 伴侣 [M]. 北京：中国水利水电出版社，2018.

[4] 赵飒飒 . 中文版 Illustrator 商业案例项目设计完全解析 [M]. 北京：清华大学出版社，2019.

[5] 唯美世界，瞿颖健 . 中文版 Illustrator 2022 完全案例教程 [M]. 北京：中国水利水电出版社，2022.

[6] 李金蓉 . 突破平面 Illustrator 2022 设计与制作剖析 [M]. 北京：清华大学出版社，2022.

[7] 李金明，李金蓉 . 中文版 Illustrator 2021 完全自学教程 [M]. 北京：人民邮电出版社，2021.

[8] 布莱恩·伍德 . Adobe Illustrator 2020 经典教程（彩色版）[M]. 张敏，译 . 北京：人民邮电出版社，2021.

[9] 相世强 . Illustrator 平面创意设计完全实训手册 [M]. 北京：清华大学出版社，2021.

[10] 苏雪 . Adobe Illustrator CC 图形设计与制作 [M]. 北京：北京希望电子出版社，2021.

[11] 凤凰高新教育 . 中文版 Illustrator CS6 基础教程 [M]. 北京：北京大学出版社，2018.

[12] 麓山文化 . Illustrator CC 2018 基础与实战教程（全彩版）[M]. 北京：人民邮电出版社，2020.

[13] 陈丽梅 . Illustrator 平面设计案例教程 [M]. 北京：中国水利水电出版社，2018.

[14] 王铁，刘丹，肖姝 . Illustrator CC 平面设计与制作教程 [M]. 北京：清华大学出版社，2020.

[15] 杨雪飞，姚婧妍 . Illustrator CC 平面设计与制作 [M]. 北京：北京理工大学出版社，2018.

[16] 李军 . Illustrator CC 中文版平面设计与制作（微课版）[M]. 北京：清华大学出版社，2021.

[17] 湛邵斌 . Illustrator 实例教程 [M]. 北京：人民邮电出版社，2022.

[18] 钟星翔，王夕勇 .Adobe 创意大学 Illustrator CS5 产品专家认证标准教材 [M]. 北京：中国文化发展出版社，2011.

[19] 李金蓉 . Illustrator CS6 设计与制作深度剖析 [M]. 北京：清华大学出版社，2013.

[20] 李东博 . 中文版 Illustrator CS6 标准教程 [M]. 北京：中国电力出版社 ，2014.

[21] 王晓姝 . 图形图像处理（Illustrator CC）[M]. 北京：电子工业出版社，2016

[22] 康英，冀松，王永涛 . 中文版 Illustrator CC 基础培训教程 [M]. 北京：人民邮电出版社，2016.